創意彩妝造型設計

王惠欣 編著

全華圖書股份有限公司

簡　歷 | Resume

作者簡歷

王惠欣　Hui Hsin Wang

學歷：華梵大學藝術設計學院工業設計學系設計學碩士

現任：經國管理暨健康學院美容流行設計系講師

rosyannewang@gmail.com

rosyanne19984@hotmail.com

曾任

瑪格莉特婚紗造型師

小雅婚紗造型師

南山高中補校美容科專任教師

喬治高職美容科專任教師

中華職訓所彩妝造型兼任講師

安婕妤化妝品公司教學部副主任

強恕高中美容科專任教師

能仁家商美容科專任教師

稻江家職美容科主任

推薦序 | introduction

　　隨著生活水準的提升，「美感充實」是生活中重要的課題之一，而個人形象造型設計更是在社交生活中不可忽視之議題。造型設計在日趨完善的商業性藝術設計領域中，是一門集美學、藝術和人文為一體的學問。作為獨立完整的知識系統，造型設計不同於純藝術，儘管藝術手段是它的一項重要組成部分，但它並不以表現純粹個人的主觀感受及喜好為目的，而是透過彩妝設計師的創意服務於廣大的消費者，於設計中體現包裝的意義、美感和價值。

　　目前坊間關於彩妝設計的書籍大多是以作品集展出為主，在整體的發展背景及學理闡述較為不足，很高興王惠欣老師在繁忙的教學與行政工作之餘，動筆撰寫《時尚創意彩妝設計》一書。書中以活潑的筆觸介紹藝術創意與女性彩妝美感之功能，將東方女性特有之優雅體態結合作者個人的創意作品，也將彩妝設計的技法與流程逐一詳細說明。全書編排緊湊，共分七章，近三十個造型，內容充實，以深入淺出方式介紹彩妝設計之背景與理論基礎，使讀者得以輕鬆閱讀與學習。

　　本書引領讀者由設計理念導入創意彩妝實務，內容淺顯易懂且利於自修，我個人非常樂意推薦本書給有志從事彩妝造型設計之讀者。

經國管理暨健康學院 美容流行設計系主任

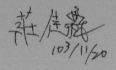

序 | introduction

《時尚創意彩妝設計》是以「造型設計原理」之應用創造「美妝」的彩妝設計書。設計者若熟知設計理論或藝術風格,並將相關概念應用於創作設計中,任何主題彩妝表現能同時兼具設計與美感,對於作品必有畫龍點睛的功能。有鑑於此,本書由彩妝美感概念為起端,協助讀者建立正確且實用的彩妝知識,進而達成應用與設計的目的。

本書第一章從比例、型態與色彩談彩妝的美感;第二章提及彩妝工具與彩妝品的應用方式;第三章是將造型設計元素、美的形式原理及文化探索與風格應用融入本書內涵,深入淺出的引領讀者進入設計領域;第四、五章涵蓋實用的時尚流行、影視彩妝;第六章以點、線為設計元素之創作設計應用;第七章融合東方與現代藝術風格之設計應用,全書近三十件造型,期望讀者透過造型設計原理之了解、觀摩、練習與應用,逐步實現時尚感且兼具藝術創意概念的彩妝作品。

本書能順利完成,在此深深感謝父母與家人的溫情支持,也感謝任教之經國管理暨健康學院美容流行設計系提供良好的學術研究空間及設備,此外特別感謝全華圖書股份有限公司、編輯部及相關同仁對於本書的協助。另外,感謝歐鈺婷、喬宇萱、蘇茵茵、黃郁涵、馬瑄澤(小馬)、楊珺涵(汀汀)、吳佩璇等同學的幫忙,再此一併致謝,最後我要再度感謝我的父母與我的另一半及婆婆,祈願我的家人永遠幸福安康。

李昕 103.11.20

目錄 | Index

Chapter 6

Chapter 7

Chapter *1*

彩妝的美感概念

MAKEUP DESIGN

｜美

在生活中我們常將感覺愉悅的經驗與美相提並論，大自然的月升、日落是美，賞心悅目的女子是美，良善的心念與行動亦是美。美，該從何定義？東方的古典美學觀點中認為「羊大為美」；西方的學者畢達哥拉斯 (Pythagoras) 則以數學角度定義美，認為美具有一定的秩序性與條件。綜觀東、西方對美的詮釋可知，東方人的美學觀點是感性的，將生活的豐饒情感轉化為美的情趣，正如《說文解字》提到「美，甘也。從羊，從大。羊在六畜主給膳也。美與善同意。」；然西方的美學觀點是務實的，經由數學家們精算後而測得美的數值，唯有符合數字比例與和諧要件才算是完美。

｜美妝的感覺

人類對於美妝的追求，在東方可追溯至中國的夏、商、周時期；西方的代表埃及，甚至是眼線化妝法的啟蒙者。為了「美妝」，唐朝婦女以粉飾面、抹胭脂、點朱唇、掃蛾眉、點面靨、貼花黃；洛可可時期，歐洲婦女利用貼美人斑的方式強調白皙的膚色，東、西方的婦女極盡妝扮之能事，無非是為了提升個人的美感，達到個人心靈上的愉悅與增進自信。

《紐約時報》專欄作家維吉尼亞‧波斯特萊爾 (Virginia Postrel) 提到：「美感是一種生理需求，不是一種奢侈品，哪怕生活只是勉強過得去，追求『賞心悅目』的原始欲望，也會驅動人們利用各種素材、形式美化生活。」由此可見，愛美的天性無論貧富，對於美的追求絕無上限，但是美又該如何定義？該如何才能恰到好處而又不落俗套？

在多年的彩妝教學歷程中發現，學習者多數已具備彩妝技能，然當面對「設計」這項工作時，卻往往毫無頭緒，雖竭盡所能地展現彩妝技能，使成品的每一個環節都有重點亦能感受到作者的用心，但卻往往未能感受到設計感。彩妝設計該如何開始與進行？曾經參考享有百年知名度的精品設計風格，除品牌故事令人玩味外，產品設計重點一目了然，簡單俐落的設計感，引領流行且蔚為時尚。這些名品多由經驗豐富的設計大師操盤，其設計概念若與造型原理中「美的形式原理」對應，必能呼應其中原則，縱然歷經潮流往返卻毫無褪流行的顧慮，成為設計之經典。設計美感有可依循的原則，藉由臨摹的方式提升美感經驗以增進設計的能力，再經由內化與轉換後逐漸產生自我設計風格。由此可知，創意可以天馬行空，能夠融入造型設計概念並具體論述的創作設計更具藝術價值。

彩妝的美感概念
—— 彩妝色彩學

人類自呱呱墜地以來，無時無刻不受大自然色彩的刺激，在我們記憶的深處，對於色彩的美感因受自然的薰陶而有所定見，如：眼前一片層巒疊翠或碧海藍天帶來身心的舒暢與清涼；漫流火紅的熔岩令人感受到強勁的炙熱，這些透過視覺感官所形成的色彩感知，在色彩學裡已有定義，亦即興奮、沉靜、寒冷、溫暖等色彩特性，在日常生活中便可利用這些色彩特性營造出獨特的設計感。

彩妝配色原則中所謂的彩妝色彩學與傳統色彩學是有所區隔的，原因如下：

(1) 色彩學利用曼塞爾或是伊登色相環等系統，依色彩不同的屬性明確定義色彩；而彩妝色彩則因各品牌為區隔市場及因應消費者的需求，彩妝產品色彩的呈現感覺會有落差。以咖啡色為例，A 牌市場定位為一般仕女專用，則其濃度較淡，可讓初學者使用時快速上手；B 牌市場定位為專業彩妝師專用，通常產品的顏色飽和度與顯色效果較佳，適合專業彩妝師發揮創意，恣意地揮灑色彩。

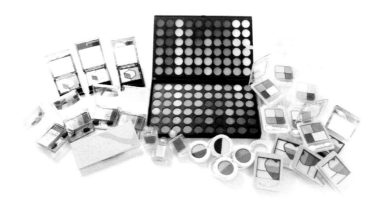

(2) 彩妝的配色原則需和接受造型設計者的髮色、膚色、服裝造型相呼應，除此之外，彩妝設計的色彩規劃常取決於眼影的色系，且相當重視色彩的暈染，以表現出柔和的漸層感，相較於日常生活中利用色彩並置的配色方式，具有較多的色彩計畫。

" 彩妝的色彩語言

為明確的區隔色彩語言，在此將大地色系分為咖啡調、綠色調、大自然色調；粉紅色系、紫藍色系。

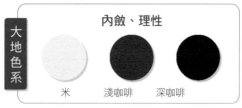

大地色系 — 內斂、理性
米　淺咖啡　深咖啡

此色系運用於濃、淡妝均能表現出自然的妝感，適用於日常、正式場合。

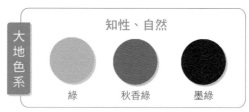

大地色系 — 知性、自然
綠　秋香綠　墨綠

配合服裝色調、款式的搭配能表現出優雅的妝感，適用於日常、正式場合。

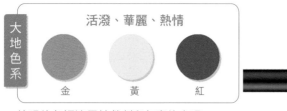

大地色系 — 活潑、華麗、熱情
金　黃　紅

搶眼的色調適用於戲劇與舞臺的表現。

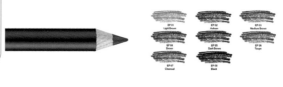

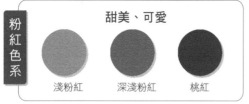

粉紅色系 — 甜美、可愛
淺粉紅　深淺粉紅　桃紅

適用於青春、夢幻的形象塑造。

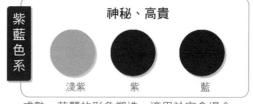

紫藍色系 — 神秘、高貴
淺紫　紫　藍

成熟、華麗的形象塑造，適用於宴會場合。

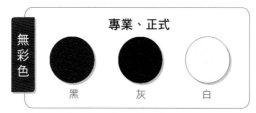

無彩色 — 專業、正式
黑　灰　白

任何眼影配色添加黑色能加強眼影顯色達到立體的效果，黑色廣泛應用於眼型的加強，使眼睛倍數放大；灰色與黑色搭配能使眼妝趨向柔和。

" 眼影的配色公式

自然是美妝的必要條件，對於色彩的敏感度並非人人與生俱來，美感是可以透過學習而養成的，透過配色公式的練習，能在經驗累積下熟能生巧。

(1) **色系配色法**：在相同的色系裡選擇深淺顏色搭配，例如：米 ＋ 咖啡；粉紅＋紫，此種配色法呈現調和的美感。

(2) **深淺色配色法**：同色系深淺配色法，例如：淺咖啡＋深咖啡、淺藍＋深藍、淺灰＋黑，此種配色法呈現漸層的美感。

(3) **無彩色搭配法**：任何色系都能與無彩色完美搭配，無彩色中的黑色施於眼影，能讓眼睛變得有神，有畫龍點睛的功能。

(4) **對比與互補色配色法**：色相環中對向的顏色為互補與對比色，當顏色並列時色彩間的相互影響會造成視覺上的差異或錯視現象，彩妝配色選用此類配色法能達到強調效果，適用於藝術創作或舞臺角色設計。

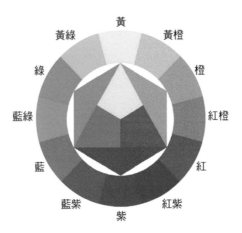

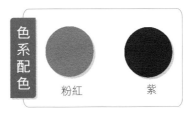

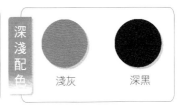

彩妝的美感概念
一比例

可曾有此經驗，面對鏡子端詳五官，心裡想著：眼睛再大一點、鼻子再高一些、嘴唇再豐滿些…，五官長得蠻好，倘若臉再小一點、額頭再高一點或下巴再尖一點，這樣就太完美了。多數人對於自己的長相覺得怎麼總是差了那麼一點點，卻無法説出究竟是差在哪？答案是「比例」。彩妝的施用目的在於美化，除賦予良好氣色外更有調整臉部、五官比例的功能。所謂的比例是指臉型與五官之間的關係，兩者之間的距離若是差了一點，整體美感表現就相去甚遠，如何界定這差一點點的美感？透過臉部比例圖了解臉與五官的比例有助於彩妝設計工作的進行。

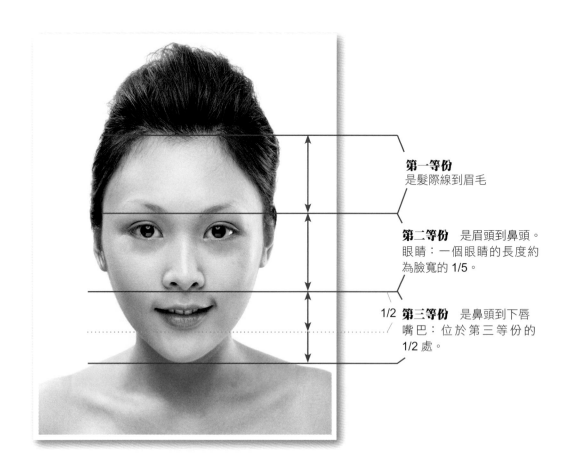

第一等份
是髮際線到眉毛

第二等份 　是眉頭到鼻頭。
眼睛：一個眼睛的長度約
為臉寬的 1/5。

1/2 **第三等份** 　是鼻頭到下唇
嘴巴：位於第三等份的
1/2 處。

·臉部與五官的比例關係

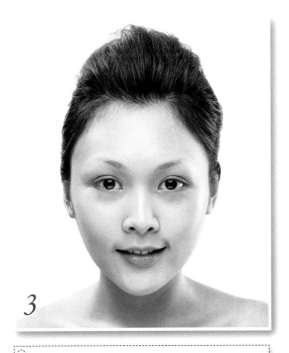

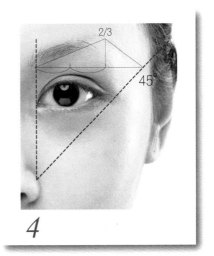

眉毛的比例與描繪重點

1 眉　　頭：鼻側至眼頭上方。
2 眉　　尾：鼻側至眼尾 45 度角延伸線上。
3 眉　　峰：眉毛 2/3 等分處。
4 眉頭眉尾：於水平線上。
 ·**眉毛的顏色**：應與髮色、瞳孔配合。

臉型｜Face

印象派大師保羅·塞尚 (Paul Cézanne)：「萬物由圓錐體、球體、圓柱體所構成」，彩妝造型領域將臉型分為橢圓、圓、長、方、菱形，上述型態均有其獨特性與美感。

彩妝領域裡有所謂的型態美之說，所謂的型態美在此解釋為多數人認同的美感，眾多臉型中，橢圓臉型（鵝蛋臉）被認為是最容易呈現造型美感的臉型，若對應美的形式原理的美感，鵝蛋臉符合漸變的美感。在鏡頭下，鵝蛋臉不會因為拍照而有拉長或變寬的視覺效果，因此在進行化妝設計時，常以橢圓臉型為修飾臉型的參考。

為塑造臉部的立體感，一般我們藉由色彩的明暗特性，在臉部做適當的修飾。進行臉部修飾時，為求自然的陰影效果，多半選擇冷咖啡色作為暗的修飾色，因冷咖啡色具有收縮的視覺效果，依臉型的需求適度地使用於兩頰與下顎處，能使臉部有縮小感；米黃或米白為提亮的修飾色，一般用於T字帶（額頭、鼻梁、下巴）與顴骨（蘋果肌），明亮的修飾色有膨脹感，臉型在明、暗交織的作用下產生了立體感。

提亮★
修飾★

修修臉｜圓型臉

臉型分析 圓型臉圓潤的雙頰產生離心感，致使五官在視覺上不易聚焦而缺乏立體感，因此主要修飾重點在於雙頰、下巴處。

冷咖啡色

臉型修飾
以冷咖啡色由耳際上方 45 度往顴骨尖方向修飾。

腮紅修飾
耳際上方 45 度
往顴骨尖方向。

粉紅色

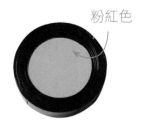

 修修臉 | 菱型臉

臉型分析 視覺上，感顴骨高、額頭窄、太陽穴凹陷、下巴尖，因此修飾重點在於凹陷與顴骨處。

冷咖啡色

臉型修飾
以冷咖啡色自耳際45度往顴骨尖方向修飾，米白色修容餅修飾太陽穴修飾。

深粉紅

腮紅修飾
已完成修容步驟者則於顴骨範圍適度刷上顏色即可；若直接使用腮紅者則可參考修容的方式。

修修臉 | 方型臉

臉型 兩頰較寬，兩腮明
分析 顯的角度產生離心
感，視覺上使五官不易聚焦
而缺乏立體感，因此修飾重
點在於兩頰與兩腮。

冷咖啡色

臉型修飾
· 臉頰：冷咖啡色修容
　從耳際上方延伸至顴
　骨。
· 腮紅：耳朵下方延伸
　近下巴處。

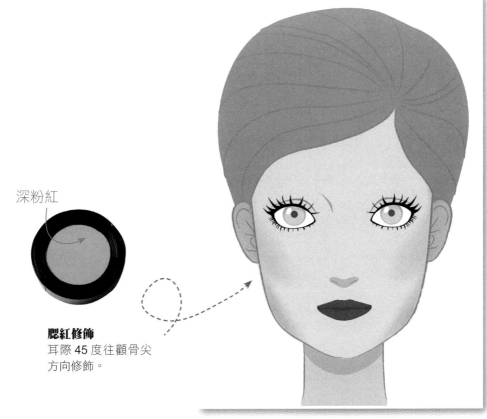

深粉紅

腮紅修飾
耳際 45 度往顴骨尖
方向修飾。

修修臉│長型臉

臉型分析

臉型偏長的因素可能是五官之間的距離較短，使得臉型看起來額頭或下巴的比例偏長，修飾重點若為前者，在於調整五官之間的比例，後者修飾重點在額頭和下巴的修飾。

冷咖啡色

臉型修飾
冷咖啡色修容修飾髮際、下巴處，以縮短向上或向下延伸「長」的視覺感。

深粉紅

腮紅修飾
耳際橫向往顴骨尖方向。

🖌️修修臉｜三角型臉

臉型分析 偏窄的額頭與較寬的兩腮在視覺上有正三角形的效果，因此修飾重點在利用明色調修飾額頭以增加額頭寬的視覺感，暗色調修飾兩腮以縮減兩腮的寬闊感。

冷咖啡色

臉型修飾
冷咖啡色修容自耳際上方延伸至兩腮近下巴處，米色修容修飾額頭。

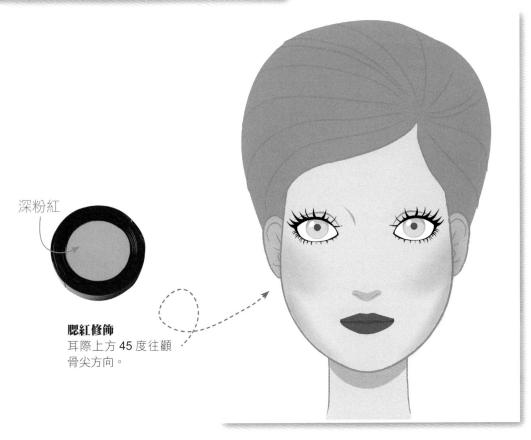

深粉紅

腮紅修飾
耳際上方 45 度往顴骨尖方向。

✎ **修修臉**│**倒三角型臉**

臉型分析 額頭、太陽穴偏寬，下巴尖，視覺上有逆三角形的效果，因此修飾重點在於利用暗色調修飾額頭以縮減額頭寬的視覺感，明色調修飾下巴以增加圓潤感。

冷咖啡色

臉型修飾
冷咖啡色修容自耳際上方
45 度往顴骨尖方向。

深粉紅

腮紅修飾
耳際上方 45 度
往顴骨尖方向。

眉型 | Eyebrow

所謂五官，除了眼、耳、鼻、口外，眉毛亦是五官之一，面相學稱眉為「保壽官」，成語中有眉清目秀、巾幗鬚眉等詞語來形容眉毛與五官的印象。《佩文韻府》四支「十眉」下注引《海錄碎事》云：「唐明皇命畫工作十眉圖：一鴛鴦，二小山，三五獄，四三峰，五垂珠，六月稜，七分稍，八含煙，九拂雲，十倒暈。」唐代仕女的彩妝在款式繁多的眉型加持下，呈現豐富多變的樣貌，堪稱中國化妝史上彩妝造型最豐富的時代。一般印象中，濃眉大眼讓人覺得有精神，柳眉星眼令人覺得精神不振，因此合宜的眉型修飾對於外觀印象有加分的功能。

標準眉

標準眉型適合搭配於各式臉型，眉毛的形狀符合或接近彩妝美的比例原則。

圓形眉

適合修飾方形臉，可使臉型變得柔和、眉型偏向圓弧形、眉毛長度稍短，有青春、可愛的印象。

弓形眉

能修飾圓臉形的稚氣感呈現成熟、理性的印象，高角度的眉峰有拉長臉型的視覺效果。

一字眉

用於長臉型可修飾偏長的臉形比例，眉頭、眉峰、眉尾呈現一字的表現，有英氣的印象。

眉型與臉型的搭配

	標準眉	圓形眉	弓形眉	一字眉
鵝蛋臉	◎	◎	◎	◎
圓形臉	◎	✕	◎	✕
長型臉	◎	○	✕	◎
方型臉	◎	◎	○	✕
菱形臉	◎	◎	✕	○
三角形	◎	○	○	✕
倒三角	◎	○	○	✕

◎佳○可✕不佳

✎ 修修眉｜鵝蛋臉

各種眉型與鵝蛋臉搭配能呈現不同
印象的美感，若與圓形眉搭配呈現
青春、可愛感；弓形眉呈現理性感；
一字眉呈現個性感。

✎ 修修眉｜圓型臉

高角度的弓形眉搭配圓形臉有拉長
臉型的視覺效果；圓形眉搭配圓形
臉呈現圓潤感；一字眉搭配圓形臉
容易有短的視覺感。

修修眉｜長型臉

一字眉搭配長臉型有縮短的視覺效果；若搭配弓形眉視覺上有增加臉型長度的反效果。

修修眉｜方型臉

圓形眉的弧度能修飾方形臉的稜角感；弓形眉搭配方形臉，若臉型短者，視覺上有拉長比例的功能；一字眉可能使方形臉有縮短或加寬的視覺感。

修修眉│菱型臉

圓形眉的弧度能修飾菱形臉使其有圓潤感；菱形臉與弓形眉搭配亦有多角的視覺感；一字眉搭配圓形臉則額頭有偏窄的視覺感。

修修眉│三角型臉

三角形臉額頭窄、兩腮寬，一字眉的搭配使額頭呈現擁擠、兩腮加寬的視覺感；標準眉適中的角度是三角形臉最佳的選擇。

✏ 修修眉｜倒三角型臉

鼻子中段以上臉型寬、下巴尖的
特質，一字眉的搭配有加寬額頭
的視覺效果；標準眉是倒三角臉
型最佳選擇。

Chapter 2

彩妝的基礎原則

工作場域與氛圍

彩妝師的工作場域除了在專業工作室外，也常得在一些特別的環境中進行，如：海邊、陽光下、昏暗的室內……。無論在任何環境下工作，彩妝師務必注意場域與氛圍，工作前應先了解工作環境中的一些條件，以便事前因應，包括：

1. 光線

(1) **自然光源：** 自然光是彩妝的最佳光源，所謂的自然光指的是照射入室內的光線，並非陽光直射於物體的光線。光線應來自於顧客的正前方。化妝師能正確的掌握光源，方能賦予顧客良好的妝容。

(2) **日光燈、燈泡：** 人工光線的種類繁多，選擇趨近自然光的日光燈或燈泡可取代自然光源；不利於化妝進行的燈光為藍綠色調的日光燈或黃色調的燈泡，這些光線會影響化妝師對彩妝色調的濃度判斷與彩妝的效果。

2. 位置與高度

彩妝工作流程中，五官的描繪是彩妝成功與
否的關鍵之一，彩妝師工作時應與顧客保持
對等的高度，彩妝師工作位置過高或低於顧
客，這些因素都將影響線條的描繪或眼神的
掌握。選擇有椅背的座椅讓顧客舒適的接受
彩妝服務，而彩妝師應隨著顧客的高度調整
工作椅的高度，或以站姿進行彩妝工作。

3. 味道

在自然療癒的領域裡，芳香療法有助於健康
的促進，透過氣味的傳導，人類對於氣味的
記憶將影響身心靈的感知。當化妝刷輕拂顧
客臉龐，刷子是否會散發皮脂與化妝品混
合後的氣味？彩妝師應注意工具的清潔與消
毒，並注意自身散發出的體味、口氣，讓顧
客有美好的彩妝體驗與印象。

彩妝工具選擇與應用

工欲善其事，必先利其器。化妝時需有適當的工具，彩妝工作方能順利地進行。

工具 *TOOLS*

海綿

選擇厚度約1cm，大小為手掌可掌握、彈性良好且質地細緻的化妝海綿。打粉底時先以清水浸潤並擰去殘留水分，溼潤的海綿有助於粉底的延展並減少打粉底時海綿脫屑的現象。

粉撲

選擇絨布質材，粉撲能沾附上大量的蜜粉，有助於定妝的進行。

餘粉刷

定妝後用於刷除殘留的粉末，亦能替代粉撲做為定妝工具。

扇形刷

如同掃把般的形狀，能掃去細部殘留粉末。

斜型刷

適用於鼻影或眉毛的塑型。

唇刷

適用於唇型描繪與塗色。

扁型眼影刷

選擇彈性良好的眼影刷有助於線條與眼型的塑造。

圓型眼影刷

選擇柔軟蓬鬆的圓刷有助於眼窩的眼影塑造。

眼線刷

沾水後再沾取餅狀眼線餅使用，適用於眼線的塑造。

扁型修容刷

適用於修容與腮紅。

斜型修容刷

適用於修容與腮紅。

圓型修容刷

適用於腮紅。

橢圓海棉

圓海棉

姆指、中指握住圓海
棉，中指置於其間穩
定海棉，適用於大面
積的粉底延展。

三角、五角海棉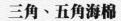

姆指、中指握住圓海
棉，中指置於其間穩
定海棉，適用於細節
的修飾（下眼瞼、法
令紋）。

粉撲

粉撲沾取適量
的蜜粉輕撲於
全臉。

眼影刷

筆刷與皮膚呈平
行或 45 度角，以
避免色塊的形成
與皮膚的不適。

修容刷

若筆刷用於修容，筆
刷與皮膚呈平行或 45
度角，以利修容造型；
若用於腮紅時可選用
軟毛圓刷，筆刷與皮膚
保持垂直的角度施行。

25

彩妝品的種類與功能

皮膚的基本色調簡稱皮膚的基調，亞洲人的膚色在黃色的基底下大致再分為偏粉紅（暖）、偏綠（冷）、小麥（暗）。皮膚基調屬於暖色調者，其彩妝的配色、粉底的使用不適用暖色調，因暖膚色調容易使膚溫看起來變高且造成妝容不潔淨；皮膚基調為冷色調者，可使用暖色調調整膚色以增添好氣色。

 ## 飾底乳

皮膚基調的調整

縱然皮膚的基調各有不同，然化妝前若能使用適當的飾底乳，能讓後續的粉底工作更趨近完美。市售飾底乳大約有兩種型態，一為單純的修飾基調；另一種除修飾基調外尚結合防晒功能，化妝師可依需求選擇使用。

白色飾底乳：適用於皮膚溫度偏高者，有降溫的功能並提升皮膚的潔淨度。

膚色飾底乳：適用於深、淺膚色調，能均勻膚色。

紫色飾底乳：適用於膚色淺的冷膚色調，能修飾皮膚的黃色調，賦予好氣色，膚色深者不適合。

麥色飾底乳：適用於小麥色調皮膚，賦予健康的陽光色調。

綠色飾底乳：適用於局部修飾，臉部的紅色斑痕，例如：敏感、青春痘等之泛紅狀況。

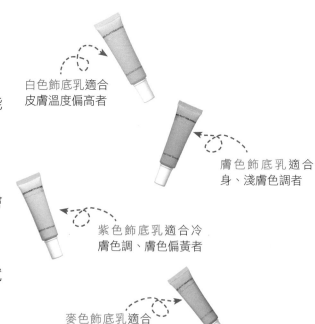

白色飾底乳適合皮膚溫度偏高者

膚色飾底乳適合身、淺膚色調者

紫色飾底乳適合冷膚色調、膚色偏黃者

麥色飾底乳適合小麥色調皮膚者

綠色飾底乳適合臉部的紅色斑痕者

粉底

東方的觀點認為「一白遮三醜」，十八世紀的歐洲仕女利用美人斑來增添白皙的膚色。然而，膚色與生俱來，縱然透過美容術都難以完全改變膚色的深淺，膚色深者若嘗試修飾皮膚成奶油般的淡色調是有困難的，勉強行事的結果是膚色會變得灰暗，所以依膚色選擇適當的粉底十分重要。

遮瑕、修飾膚色是粉底主要的功能，粉底濃淡程度依序為膏、霜、乳、液的型態，粉底濃度高，則遮瑕效果佳，卻相對顯得厚重；濃度低者，遮瑕效果偏低，也相對輕薄。臉部皮膚的顏色常因瀏海的阻隔或不同程度的裸露，發現深淺不一的狀況，粉底顏色建議選擇接近原膚色或選擇橘色調的粉底調整膚色，再依彩妝需求局部打亮T字、顴骨部位，增加臉部立體感並提升膚色的亮度。

定妝

無論使用何種型態的粉底，定妝是底妝完成之前重要的工作。粉底的成分包含：油脂、蠟等成分，粉底接觸皮膚時，皮膚的溫度有助於粉底的延展，若打完粉底後未再利用蜜粉或粉餅定妝，則粉底將如同液態的油脂般由高處往低處流，短時間內便有脫妝的現象，建議使用蜜粉定妝，完妝或補妝時，粉餅是不錯的選擇；另外蜜粉或粉餅的色調應與粉底搭配，亦即粉底若選用橘色調時，蜜粉也應選用相同色調，若選擇不同的色調－例如：粉紅色調，粉底的視覺效果將變得混濁而影響視覺效果。

粉底色調

膚調：淺膚、中膚、深膚色調。

粉紅調：深、淺粉紅色調。

橘色調：深、淺橘色調。

蜜粉、粉餅色調

透明色調（透明蜜粉）：適用於各色粉底。

淺膚、中膚、深膚色：依粉底的深淺選擇。

橘調：深、淺橘色與橘色調的粉底配合使用。

粉紅調：深、淺粉紅色與粉紅色調的粉底配合使用。

 # 眼影

眼睛是靈魂之窗，眼睛能傳達情意而有眉目傳情之說，由此顯見眼神的重要性。綜觀化妝史，五〇年代以前，彩妝重點在於眉、唇的描繪；五〇年代以來受西方女星奧黛麗‧赫本 (Audrey Hepburn, 1929-1993) 等影星的影響，彩妝著重於眼、眉的表現，特別是眼神的表現方面，上揚的眼線、微薰的眼影佐以濃密睫毛，自此之後，縱然歷經歲月的流轉，彩妝表現風格有其異同，但這股著重於眼神表現的風潮至今未曾改變，隨著彩妝科技發展，化妝品依其功能有不同型態，以下分述之：

餅狀眼影：眼影粉末經壓縮成餅狀，方便使用與攜帶；餅狀眼影有含珠光與不含珠光的分別，帶有珍珠光質感的眼影有反光的效果，能增進眼部華麗感，卻也因其反光而帶來膨脹感；不含珍珠光澤的眼影因不反光，較無膨脹感的顧慮。

膏狀眼影：油含量偏多，適用於眼影底妝，能增加色彩的飽和度與持久性；膏狀眼影亦可單獨使用於塑造油亮感的眼妝。

唇膏種類與功能

油、臘是唇膏的重要成分，唇膏依其質感，分類如下：

油質感：唇膏的脂質成分較多，塗抹後呈現潤澤感。

粉質感：唇膏的脂質成分較少，塗抹後呈現不反光的粉質感。

彩妝品的應用

底妝

油感底妝：此妝能讓皮膚如凝脂般油潤光滑，適用於膚質良好者，若皮膚偏油、臉部有青春痘者，除了易脫妝外，更難以呈現凝脂般的光潤感，主要原因在於油感底妝未使用蜜粉定妝，即便是膚質佳的使用者都需在一段時間後持續補妝。

粉底的程序：

STEP 1 **底妝：**選擇與模特兒膚色相近的顏色，利用手的溫度將粉底均勻得塗抹於全臉。

STEP 2 **粉底：**使用海綿於臉部輕彈，注意細節的修飾，如：下眼瞼、鼻側。

STEP 3 **定妝：**粉撲沾取適量蜜粉輕撲於全臉。

粉感底妝：此妝是最常使用的底妝法，使用粉底修飾膚色後再用蜜粉定妝，其妝感粉嫩且持久性佳。

亮澤感底妝：此法的操作方式同粉感底妝，不同處在於定妝蜜粉中添加了亮粉，完妝後呈現亮澤的妝感；另外亮澤蜜粉亦可選擇性的使用於臉部的T字部位或顴骨處以增加立體感。

 **眼影**

·漸層眼影法

漸層的美感來自於大自然，因人類受到自然界色彩的薰陶，因而對於漸層的顏色變化產生美的觀感，眼部彩妝設計便是利用漸層的美感與顏色層次的色差，塑造深邃明亮的眼部效果。

漸層眼影法是實用性高的眼影技巧，無論彩妝濃淡或任何角色均可以利用漸層眼影法進行彩妝設計，它既是彩妝入門者必備技巧，亦是高階彩妝設計時的進階表現。

漸層眼影法的顏色運用大致可分：單色、雙色、多色（指三個或以上配色），以三色配色為例（如下圖）：施於眼窩的第一層顏色為襯色（襯托主色）的功能，施於眼窩2/3處為主色，1/3處為加強色，漸層眼影法的特色是色彩交疊的表現，由於顏色會因混色而產生色彩變化，所以漸層眼影法配色時最好選用同色系，避免顏色因混色後有意外的變化（關於色系與配色請參閱P4～P5）。

漸層眼影法步驟： 化妝時可依眼影設計之不同調整眼影的步驟，以下步驟以高濃度的漸層眼影法為例。

STEP 1　確認眼線的高度與長度。

STEP 2　主色勻染於眼窩 2/3 處，並將加強色刷於 1/3 處。

STEP 3　襯色刷於眼窩。

STEP 4　主色刷於下眼瞼處。

‧典型歐式眼影法

仿效西方人眼型的修飾法，它是利用線條勾勒假雙眼線，並以陰影暈染出深邃的眼窩的眼影法。歐式眼影法大致上可分為典型歐式與歐式延展法兩類，兩類差異在於歐式延展式眼影法不強調眼尾的深邃感，僅利用陰影塑造出雙眼摺處的深邃感。

STEP 1 眼睛平視正前方，於眼尾 45 度角處做一記號，此記號的功能在於設定假雙眼線的寬度，雙眼線寬者記號相對較長，記號務必以 45 度為設定角度，少於 45 度將縮減眼睛的寬幅，大於 45 度眼睛下垂而呈現老態。

STEP 2 順著眼睛形狀，朝著眼頭的方向畫弧線。

STEP 3 沾取適量的眼影將假雙眼線與記號均勻的推染開。

STEP 4 眼影染開後，加強眼尾與眼線，塑造深邃的眼神。

・歐式延伸眼影法步驟（假雙）

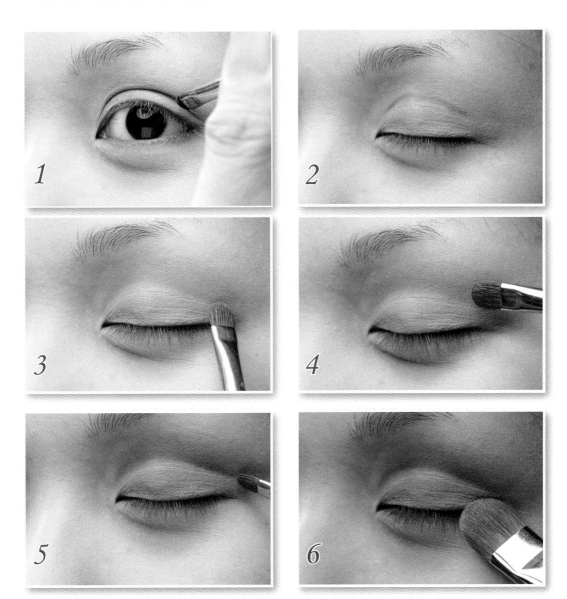

STEP 1　眼睛平視正前方，依彩妝主題需求定位假雙眼線的高度。

STEP 2　閉眼，確認假雙眼線的描繪線是否符合彩妝需求。

STEP 3　利用乾淨的刷子將假雙眼線刷勻。

STEP 4　沾取適量的主色眼影延著假雙眼線勻染。

STEP 5　沾取加強色於眼影 1/2 處加強。

STEP 6　將襯色（淺色）刷於雙眼線內側及眼窩邊緣。

·段式眼影法

段式眼影法的描繪方式是將眼影採縱向分段的方式來塑造眼型，可分為兩段式及三段式眼影法。兩段式眼影法為眼部前段為淺色後段為主色，眼尾以襯色強調眼神。

段式眼影法步驟

STEP 1 段式眼影法，將黃色刷於眼窩中段。

STEP 2 藍色刷於眼尾；橘色刷於眼頭。

STEP 3 黑色眼線刷於睫毛際，藍色眼影延黑色眼線勻染。

STEP 4 黃色彩繪顏料延藍色眼影勻染。

STEP 5 橘色彩繪顏料延藍色眼影勻染。

STEP 6 橘色彩繪顏料延雙眼摺畫假雙。

Chapter *3*

造型設計原理
MAKEUP DESIGN

彩妝設計的目的是為了某角色進行形象設計，既然是形象設計，則角色造型不可能憑空捏造，創作設計成果應該讓觀者有脈絡可循，簡單來說即是作品有故事性，能吸引大眾的目光才能增添作品的藝術價值。

彩妝的學習是由模仿開始，模仿是彩妝學習的第一步，彩妝初學者藉由模仿老師的作品進行技巧練習與設計概念的增進，待技巧純熟後便能著手設計創作，彩妝創作設計可參考以下模式：

設計元素的應用

點、線是造形構成的基本元素

點

「點」有渺小之意，未特別注意似乎感受不到它的存在，事實上點散布在生活中的各個角落，點可以是大點或小點，可圓、可不規則；自然界中細胞構成生物的基本單位是生物體的一個點；音樂大師貝多芬 (Ludwig van Beethoven) 在樂譜上的一點是音符，經過精心的排列組合譜出撼動人心的命運交響曲；點描派 (Pointillism) 畫家秀拉 (Georges-Pierre Seurat) 將不同的色彩利用點的佈陳創作了名畫假日的嘉德島 (A Sunday on La Grande Jatte)，渺小的一點隱藏無限的力量，點經過設計便能創造無限的可能。

點應用於在彩妝創作時可藉由排列組合創造不同的視覺動感：

類　別	應　用	圖　例
點的線化	直線排列、曲線排列。	
放射與型態漸變	點由小至大的排列或由大至小排列所呈現的型態變化。	
隨機	將點疏密隨機的排列。	

線

點與點的連接構成線條，繪畫時線條勾勒出物體的外型輪廓；畫眉時眉頭、眉峰、眉尾的點連結方能使眉毛成形，不同型態的線條呈現不同的感覺，造型設計時可依線條的特性創作。

類　別	應　用	圖　例
線段	僵硬與空間侷限感。	
直線	延伸感。	
曲線	流暢、圓潤感	
型態漸變的線條	直線條有量感、曲線有動態的量感，型態漸變的線條有量感則畫面豐富不單薄。	

美的形式原理運用

古希臘的美學家認為物體美的形式在於其具有和諧性、秩序性並合乎一定的比例，畢達哥拉斯學派更強調美與數字的關係，發展出「黃金比例」(golden section) 即 0.618 數值。隨著歲月的流轉，古人的理想比例延伸至今成為美感塑造的參考原則。事實上，黃金比例僅是理想中美的參考數值，並非必要依循的原則，其原因是受人種、文化、年代、環境等因素之影響，「美」有了更多的可能性，一味的追求黃金比例，除了達成的困難度高，更可能畫地自限而忽略了個人的優點，因此，比例是參考值，藉由適度的修飾方式以接近美的比例原則將更接近於美，雖然美的認知多少含有些許主觀意識，對於美的創造可透過美感體驗而習得。美的形式原理包含：

漸層

顏色由淺漸深或是由深漸淺的變化。漸層的美感來自於大自然，人類自出生以來無形中受自然界色彩的薰陶，因此對於漸層的顏色變化產生美的觀感，眼部彩妝設計便是利用漸層的美感與顏色層次的色差塑造深邃的眼部效果。

漸變

物體的形狀由大至小，或由小至大的變化稱之。以眼睛為例，眼頭窄、中段寬、眼尾細長，眼睛的形狀符合漸變的美感。

反覆

單一元素反覆出現，產生整齊、統一的美感。以千鳥格為例，捨棄了鳥細節的描述，以十字型成群飛鳥翱翔於畫面的表現。

調合

顏色的調合,例如:米色與咖啡色兩個類似配色所產生的調合美感。

對比

物體大與小並陳或差異甚大的顏色並置,產生具有戲劇性張力的美感。

統一

共同的特徵或相同元素的整合,產生一致性的整體感表現。

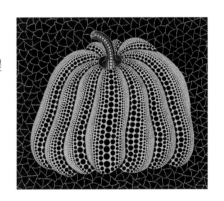

文化探索與風格應用

彩妝設計是因應特定目的需求而塑造歷史中的角色,在攝影技術尚未發明的年代,對於過往的人物形象需藉由史料探索或繪畫觀察的方式還原,並依彩妝設計角色的需求復刻或融入其他元素而賦予新形象,以下以具彩妝造型特色的文化分述之:

東方華人文化

唐

唐朝是中國史上繼漢朝後的另一盛世。唐對外族採開放政策,文化多元且政治、經濟發達,期間有女皇帝武則天治國,玄宗時期楊貴妃倍受寵愛,女性地位崇高且自由,由於女性不受禮教的約束,穿著相當開放,婦女有穿著「膽領」服裝樣式,即

不著內衣且露出胸部的大膽妝扮；彩妝方面以粉裝飾面容、塗抹胭脂、妝點朱唇、畫蛾眉、貼面靨、綴花黃，非常重視彩妝的細節；髮型方面以「半翻髻」為經典，婦女梳高聳膨鬆的包頭，綴以步搖、花朵、髮梳，此時以豐盈的體態為形態美感，經細心的妝點展現雍容高貴的樣貌。

宋

宋朝對於理學的推崇，促成繁榮的經濟、科技的發達。藝術或造型作風相較於唐朝趨於保守，以繪畫為例，唐朝繪畫用色豔麗以青綠山水著稱；宋朝則以水墨表現大山水、角邊山水或以淡色水彩描畫栩栩如生的花鳥。受理學思想的影響，婦女受理教約束，地位不如唐朝婦女，纏足的陋習在此時成為時尚；造型方面，婦女髮型承襲自唐朝，朝天髻為典型的髻式，婦女喜歡以梳子為裝飾或以茉莉花等鮮花為髮飾，花冠佩帶亦是此時期的流行妝扮；彩妝方面多承襲自唐、五代風格，而略顯清秀；宮廷貴婦以珍珠貼於臉部之珍珠花鈿妝表現身份地位，不同於唐朝婦女的濃妝豔抹而轉為淡雅、自然的妝容。

遼金元

中國北方契丹、女真、蒙古遊牧民族曾統一中國建立帝國，其中蒙古於西元 1276 年滅南宋，治理中國長達八十九年。邊塞性格豪放穿著簡樸，入主中原漢化後服飾造型逐漸講究。由於佛教盛行於中國，遼代婦女喜以金粉飾面，「佛妝」為婦女的特色裝扮；蒙古婦女將黃粉塗在額頭後於眉心點痣，此妝扮亦與佛教有關。

明

杏眼、倒暈柳眉、挺秀的鼻子、小巧的朱唇、白皙如鵝卵般的臉頰，梳著中分高髻髮式，如此清秀柔美的形象是明代文人唐寅「嫦娥奔月圖軸」青樓女子的造型。自宋以來，禮教對於女性的摧殘蹂躪，明代女性在彩妝方面無特色表現，髮型方面有「桃心髻」、「鵝膽心髻」以及流行於明清時期的「牡丹頭」。

清

滿清入關後，勒令漢族男性須「剃除額髮並結髮為辮」以符合滿族的制度，若有違抗者「留頭不留髮，留髮不留頭」迫使漢族屈服。

《舊京瑣記》：「旗下婦裝，梳髮為平髻，曰一字頭，又曰兩把頭」。所謂的平髻是將長髮中分後纏繞於「扁方」之上，又稱為兩把頭，自清咸豐之後，髮髻漸加高，

左右兩鬢增大並佩帶扇狀的冠，俗稱大拉翅；彩妝表現：方面白皙的臉龐、彎曲纖細的眉型表現出清雅、端莊的女性形象。

西方文化

西洋美術史中記載了人類藝術的成就，這些獨具特色的藝術風格可做為彩妝設計的參考，配合主題或角色需求設計出具藝術風格的彩妝創作。

埃及風格

比例完美的幾何金字塔是埃及帝王陵墓亦是埃及典型的藝術表現，古埃及相信人死了之後生命還會延續，因此相當重視葬禮的儀式，從陵墓中的陪葬品可發現，愛美的埃及人將化妝品做為陪葬供品；陵墓出土的雕像更發現最早的埃及人以瓦筑 (Wadju) 的綠色粉末做為描繪眼影的材料爾後則衍生出提煉自鉛礦的邁思魅 (Mesdmet) 黑色的眼影，埃及人畫有黑色眼影的形象留於世人的印象中；髮型方面，考量衛生問題，男女皆剪極短髮或剃成光頭，社會位階高者則佩戴假髮。

希臘羅馬

公元前兩千年的愛琴海孕育出米諾安 (Minoan) 文化與麥錫尼 (Mycenaean) 文化，此兩種文化成為希臘藝術。熱衷於運動競技的希臘人發展出人類最早運動會的概念，並透過精緻人體雕刻讚頌人體的力與美。希臘人在形象方面，女性蓄留長捲髮，由於崇尚自然之美而不重視化妝，若過於濃妝豔抹甚至招惹非議。傳說羅馬創立者是在母狼的哺育下成長，有狼族嗜血的野性，以及務實的特質因而建立了強大的羅馬帝國。造型方面，女性將長髮盤繞並髮帶裝飾變化髮型，臉部以淡妝表現。

哥德

西方人類史中曾約有一千年的時間信奉基督教，哥德式的教堂有著朝天際發展的特色，不斷攀升的尖拱是基督教信徒信仰與心靈的昇華，挑高的美感在女性的造型上可窺得，女性將頭髮收攏於高聳的帽子內並且露出額頭，為了避免對宗教不敬不重視化妝，女性以潔淨的臉龐、削瘦的體態表現青春之美。

文藝復興

Renaissance 有再生的意思，藝術家常身兼多重身分，多半是藝術家也是建築師，其中以天才李奧納多達文西 (Leonardo da Vinci) 為代表，歐洲的人文藝術在此時期奠定了基礎。造型方面，男性落腮鬍、倒三角的身型表現陽剛氣息；女性以成熟之美為表現，外型方面略豐腴，穿著束腹、裙撐架、臀墊表現身型。

巴洛克

Baroque 原意指形狀不圓潤的珍珠，巴洛克是宗教與政治角力戰下的產物，這股風潮表現於建築、繪畫、音樂、服飾造型中，用以彰顯權勢、歌功頌德；巴洛克亦是文藝復興完美發展下的另一個歷程，文藝復興以理性莊重的風格呈現，巴洛克則以戲劇性的張力表現創作情感，在法國太陽王路易十四的推展下無論是政治層面亦或是藝術表現方面，充滿了華麗壯闊的氛圍，巴洛克風格風行了十七世紀的歐洲。造型風格方面，男性蓄留長髮或佩戴假髮，服裝以緞帶、蕾絲做裝飾而呈現的柔美形象；女性在臉部點美人斑 (Beauty Patch) 襯托出白皙的膚色，為了強調上半身的美感，裸露肩膀是此時期女性服裝的表現。

洛可可

Rococo 這個名稱來自於法國路易十五時期，常用於建築內部的裝飾特色。洛可可藝術風格承襲了巴洛克華麗的特質，在巴洛克繁華落盡後展現逸樂之美。華麗、繁瑣、講求細節與裝飾是洛可可的特色，藝術史上對洛可可藝術雖有輕挑、愚蠢的看法，然洛可可風格卻仍為當時仰慕者所公認的時尚。亦有學者對於洛可可有不同的看法，認為隨著路易十四的駕崩，直至路易十六被送上斷頭台的這段時間裡，在繪畫、建築、音樂上，給後輩留下瑰麗的印象。洛可可是美麗的藝術風格。藝術史上對於洛可可、巴洛克的貶抑評論，其

實是古典主義支持者主觀負面的評價。造型風格方面，女性髮型在高聳、巨大的基礎下添加羽毛、珠寶、花卉做裝飾；為表現出 X 型的窈窕身形，女性穿著束衣、鯨魚骨製成的裙撐架雕塑出玲瓏有緻的體態。

新古典

人類史上復古行動反覆的上演，新古典主義的興起是對古希臘、羅馬文化的懷舊行動，摒棄了洛可可華麗繁瑣的裝飾風格，以簡雅、莊重的樣式取代之；造型方面，女性淡妝、剪短頭髮並以帽子為裝飾，高腰長袍展現不受拘束的自然風格。

新藝術

十九世紀火車取代了馬車帶著人們四處探訪與遊歷；電報機的通訊傳遞拉近了人與人的距離，隨著工業與科技的發展，人的生活有了全新的局面。另一方面，新的藝術風格 - 新藝術 (Nouveau) 嶄露頭角。

生氣勃勃是新藝術的特色，藝術家們為了創作獨具風格的作品，師法於大自然且致力於動、植物學的研究，觀察自然界的千姿百態，將昆蟲與動物入畫並轉化花卉、植物為線條，這些流動纏綿的曲線，正是新藝術時期最佳的寫照。受到哥德與洛可可風格的啟發，迂迴的線條、彩繪玻璃花窗等藝術元素為新藝風格對於靈感來源，女性長髮飄逸或浪漫編結，溫婉柔美的形象是新藝術畫作最佳的代言人，而慕夏 (Alfons Maria Mucha) 善於繪製以女性為主題海報，是此時期知名的藝術家。

印象派

夏日午後，咖啡廳的爵士樂中伴隨著交談聲，幾位志趣相投的畫家坐在戶外咖啡座寫生，他們非常專心的作畫，不時的抬起頭觀察對象物，適時掌握陽光灑落於物體的光影變化，用純淨的色彩與斷續的筆觸來表現剎那間的景色。

工業革命與第一次世界大戰造成世界的變畫與動盪，年輕的畫家受科學的啟蒙，開始探討光的結構與色彩的本質，為了追求自然與和諧的畫面，捨棄了褐色而用純粹色來畫畫，利用顏色創造畫面。

西元 1874 非正統派畫家的展覽中，展出了莫內描寫港口景象的畫作，展覽目錄標記為「印象：日出」。評論家對於這種未有完整的知識基礎單憑印象作畫而貼上了「印象派」的印記，帶有不認同、貶抑的意思。印象派畫家不強調輪廓線描繪更不在調色盤調色，重視光線變化與物體之間的關係，畫家們可能小點描繪亦可能豪氣的塗抹色彩以捕捉瞬間的光線變化，塞尚、修拉、梵谷、高更是印象派具代表的大師。

Chapter *4*

時尚彩妝

原色・顏色〈裸妝時尚〉

素顏與裸妝差異何在？素顏指的是未化妝；裸妝則是利用化妝技巧，讓妝容趨近於素顏的彩妝法。問題來了，既然要素顏，卻為何要大費周章的化妝？其原因需歸咎於皮膚的色調，多數的成年女性因環境與生活習慣等因素無法擁有無瑕亮麗的膚況，需要藉由粉底調整膚色以及陰影的修飾，塑造出立體的五官效果以呈現完美無瑕的裸色妝容。

因此，看似低調的裸妝，其彩妝步驟未曾化繁為簡，依然需要打粉底、定妝、眉型、眼妝、唇色、鼻型的修飾，彩妝技巧謹慎拿捏得恰到好處，以避免太濃或不精緻的妝容。

彩妝重點說明：

1. **膚色與立體感表現：**選擇與模特兒膚色相近的顏色薄施粉底，其目的是微調膚色並呈現自然透明的妝感，粉底完成後，選用冷咖啡色系修容餅修飾眉毛與鼻樑以突顯五官的立體感。

2. **眼妝：**選用淺膚、深膚色眼影，提升眼部潔淨感與立體感。

3. **眼線：**為求自然的裸狀感，不刻意強調眼線，描繪時以細描為原則。

4. **睫毛：**夾睫毛、刷睫毛膏。

5. **眉型：**選擇髮色相近的眉筆修飾眉型。

6. **腮紅：**輕薄自然的腮紅。

7. **口紅：**選擇近膚色的口紅或唇蜜。

彩妝流程

所謂的重點彩妝即是五官的修飾，強調
重點彩妝操作於粉底之後其流程如下：

STEP 1 眼妝：以彩妝主題的需求施以眼影。

STEP 2 眼線：利用眼線筆細描眼線。

STEP 3 睫毛：將睫毛夾翹，刷睫毛膏。

STEP 4 眉毛：選擇與髮色相近的眉筆描繪
眉型。

STEP 5 腮紅：輕薄自然的腮紅。

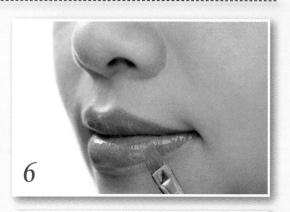

STEP 6 口紅：依彩妝主題的需求施以口紅
或唇蜜。

流行就像一個不斷循環的圓圈，
隨著流行趨勢的變化，
彩妝時而輕薄自然，時而濃妝矯飾，
近年來，韓國彩妝流行風潮含括了流行彩妝的這兩個特色，
亦即在輕薄底妝的基礎下佐以矯飾的眼神，
自然的妝容在此已完全顛覆，
正如整型概念已漸被大眾接受，不再是不可說的秘密。

彩妝重點

電眼妝著重於眼部印象的強化，眼影、眼
線向眼尾延伸 1 公分並點出假眼頭，在前
後延伸的狀態下眼睛呈現倍數的放大效果。

彩妝流程與重點

STEP 1 底妝：粉感底妝。

STEP 2 眼妝：選擇黑色眼影由眼頭朝眼尾勻染。

STEP 3 眼線：利用眼線液或眼線膠將眼線重疊於眼影的 1/2 範圍上且於眼尾處做上提延伸。

STEP 4 下眼線：描出下眼線並與上眼線連結。

STEP 5 眉型：選擇與髮色相近的眉筆描繪眉型。

STEP 6 口紅：裸色或近膚色的口紅。

娃娃妝

洋娃娃是女孩愛不釋手的童年回憶，

深邃的眼睛隨著女孩的懷抱，

時而開眼、時而閉上，

這份記憶成為女孩追求美的潛意識。

波西米亞悠閒恬靜的風格常被用來塑造青春甜美的形象，

知名品牌安娜蘇 (Anna sui) 擅於結合民族元素賦予少女新形象，

紫色頭巾配亮黑的配飾，高貴神祕卻又不失青春甜美感。

彩妝重點

· 粉底：粉感粉底

· 眼影：歐式延伸眼影法塑造如洋娃娃般深邃的眼神。

· 眉毛：略短的眉毛有青春可愛之感，紅咖啡的髮色搭配咖啡眉毛。

· 唇：選擇具透明感的紫紅與頭巾顏色做搭配，使造型具有整體性。

· 腮紅：粉紅色腮紅顴骨尖處

隨著電影中女主角美麗的姿態影響，
女性紛紛仿效影集的打扮，
波浪髮、柳眉、合身的旗袍，
50年代的彩妝強調於眉尾、眼線的表現，
其微微上翹的眼妝特色，
將女性優雅、嬌柔的特色在眼神流轉間展露無遺。

彩妝重點

· 粉底：粉感粉底
· 眼影：二段式眼影
· 眼線：拉長眼線
· 眉毛：黑咖啡色描繪出柳葉般的眉型，眉型完成後利
　用眼線液再次描繪於眉峰、眉尾以強調出上揚的眉型。
· 腮紅：磚紅色
· 口紅：豆沙色唇膏

彩妝流程與重點

STEP 1 底妝：粉感底妝。

STEP 2 眼線：寬、濃、拉長且上翹的曲線是眉毛與眼線的表現重點。

STEP 3 眼影：眼尾 1/3 處刷主色咖啡色，並以黑色加強層次感。

STEP 4 眉毛：先用咖啡色眉筆勾勒眉型，再利用黑色眉筆強調眉型與層次感，最後以眼線筆接出俐落的線條。

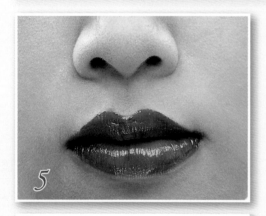

STEP 5 口紅：紅唇

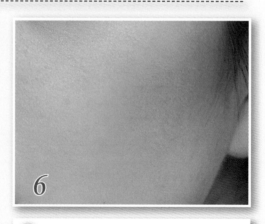

STEP 6 腮紅：由耳際朝向顴骨尖 45 度角方向修飾。

英國的龐克文化 (Punk) 起源於 1970 年，
起初是年輕勞工階層對於當時政治與經濟不滿的反社會運動，
藉由奇特的妝扮吸引眾人目光。
有龐克教母之稱的服裝設計師薇薇安‧衛斯伍德 (Vivienne Westwood)，
曾為當時搖滾樂團設計服飾，
其大量使用金屬物質為造型元素，
如：鉚釘、別針、鎖鍊以及與性話題有關之物件為裝飾，
造就了金屬龐克搖滾特有的印象。

彩妝重點

· 底妝：亮澤底妝。

· 眼妝：使用金屬感色澤眼影，利用漸層法勻染成煙薰
　般的妝感。

· 腮紅：若有似無的腮紅。

· 口紅：紅唇。

Chapter **5**

影視彩妝設計

十七世紀的歐洲與東方的中國往來頻繁，
東方的文化在雙方的交流下傳入歐洲。
十八世紀的洛可可風格其庭園造景、青花瓷器皿、服飾的刺繡點綴，
均散發著濃濃的東方色彩。
在服飾造型上宮廷仕女的帶動下，
時而浮誇時而恬靜優雅，
法國大革命雖終結了王室政權與浮濫華麗的宮廷文化，
但洛可可潮流卻為法國奠定了時尚之都的深厚基礎。

彩妝重點

· 底妝：粉感底妝，粉底完成後T字部位與
顴骨處以明亮的粉底或修容餅打亮。

· 眼妝：歐式眼影法，選用深藍眼影為主色
與青花紋樣的帽飾引導彩妝主題性並體現
東方味的洛可可風格，天空藍、粉紅為襯
色以塑造深邃溫柔的眼神。

· 腮紅：粉紅色調腮紅。

· 口紅：粉紅色口紅，嘴唇中間少許亮粉

法國知名夜總會—瘋馬俱樂部 (Crazy Horse)，
風靡全球五十多年，
創辦人艾倫伯納丁 (Alain Bernardin) 崇尚女體之美，
將女性人體充當畫布並投以繽紛璀璨的燈光，
穠纖合度的曲線，
在變化萬千的投射燈下，
展現極致的人體藝術之美。

彩妝重點

· 底妝：粉感底妝，底妝完成後 T 字部位
　　與顴骨處，以明亮的粉底或修容餅打亮。

· 眼妝：以咖啡為底色，黑色為輔色的歐
　　式眼影法，塑造洋娃娃般深邃的眼神。

· 腮紅：橘紅色調腮紅。

· 唇：唇框以黑色勾勒完成後加入酒紅色
　　口紅。

73

Color

大自然的力量神秘不可測，
透過色彩的傳遞彷彿與人類進行無聲的交流，
風雨前美麗的霞光、秋天的楓紅，大自然悄悄的傳遞著訊息。人
類在大自然的薰陶與民族文化的影響下，
對於色彩有不同的詮釋方式。
高度科技發展的今日，
非洲尚保有原始的色彩，
原住民們參考禽鳥毛色，
為了祭祀、節慶或狩獵展現最絢麗的妝扮。

彩妝重點

· 底妝：1. T字、顴骨處施以亮澤感底妝，以襯托眼妝。

　　　　2. 粉感底妝施於T字顴骨以外之部位。

· 眼妝：強烈的互補對比色應用，施以三段式眼影法表現出非洲原住民狂野的色彩。

· 腮紅：橘紅色腮紅。

· 口紅：橘紅色腮紅為底，金黃色亮粉施於唇中。

撲克牌的王牌是遊戲中的期待，
人物圖案詭異且神秘的笑容，
隱喻勝利與失敗的一線之隔。
彩妝設計除圖像元素的參考外，
對象物背後的意涵更能增進觀者的想像力，
提升設計作品的深度。

彩妝重點

構圖：線條為彩妝構圖重點，延伸、流轉的線條
　　　看似輕快卻又輕挑，poker 神秘、詭異的
　　　表現。

粉底：粉感粉底，T字、顴骨重點部位使用米色
　　　調的粉底局部提亮重點。

眼妝：高聳帶弧度眉型，以紫色為主色調的歐式
　　　延伸眼影法，表現深邃的眼神。

唇妝：上揚不對稱的唇線表現。

彩妝流程與重點

○ *STEP 1* **粉底**：粉感底妝。

○ *STEP 2* **眼影**：歐式延伸眼影法，使用眼影底膏以增進眼影的飽和度。

○ *STEP 3* **眼線**：拉長延伸眼線。

○ *STEP 4* **口紅**：強調上揚的唇角。

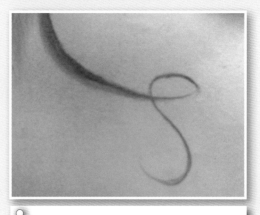

○ *STEP 6* **腮紅**：若有似無的粉色腮紅、襯托深紫色的柔美線條。

○ *STEP 5* **裝飾曲線**：利用水溶性色彩拉出曲線，並以眼影增加曲線的厚度，注意曲線的描繪如同寫毛筆般，起點與收尾需輕柔，線條表現輕快活潑。

經典的百老匯歌舞劇 (Cats)，
是安德烈‧洛伊‧韋伯的作品 (Andrew Lloyd Webber)，
曾在倫敦創下上演長達 21 年的記錄。
歌舞劇或廣告的角色，
常以貓或豹的擬人化角色呈現嬌媚、神秘的女性形象。

彩妝重點

· 底妝：(1) 亮澤粉底施於 T 字、顴骨處。
　　　 (2) 粉感粉底施 T 字顴骨以外部位。

· 眼妝：(1) 蓋眉，使用皮膚蠟覆蓋眉毛，眉毛由
　　　　　鼻梁中段延伸至眉尾略上揚。
　　　 (2) 眼影：歐式延伸眼影法，利用眼線強
　　　　　調眼型的描繪。
　　　 (3) 睫毛：利用細眼線筆勾勒上下睫毛。

· 修容：(1) 鼻頭上段：主色由臉部邊緣向心方向勻
　　　　　染。
　　　 (2) 鼻子下段：下巴周圍離心方向勻染。

· 唇：上揚的嘴角且略帶扁平的唇型。

· 鬍鬚：略帶向下弧度的放射線條。

· 斑紋：自髮際線或臉的邊緣，勾勒出貓的斑紋線
　　　 條，勾勒時可微微搖動筆桿，貓的斑紋將更生動。

彩妝流程與重點

STEP 1 粉底：亮澤粉底，白色粉底於 T 字帶、顴骨局部打亮。

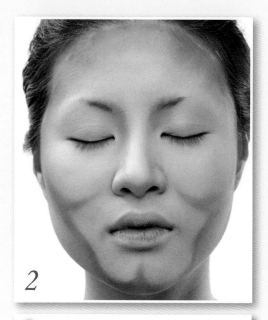

STEP 2 ：酒紅色眼影勾勒出貓臉部的基本線條。

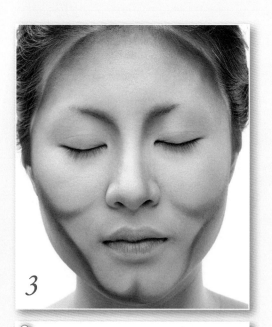

STEP 3 輪廓線：黑色眼影加強臉部輪廓。

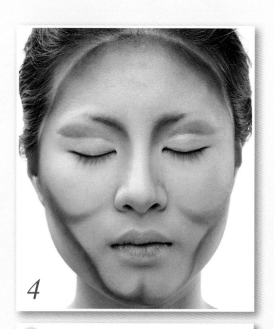

STEP 4 眼影：歐式延展式眼影法勾勒眼部輪廓。

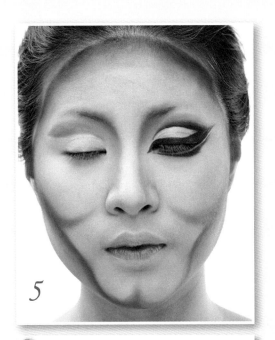

STEP 5 眼線：眼線強調眼型的描繪。

STEP 6 鼻樑：眉毛由鼻樑中段延伸至眉尾略上揚。

STEP 7 唇膏：選擇橘紅色唇膏勾勒初略微上揚的唇型，並於嘴唇中央沾染金黃色亮粉。

STEP 8 完妝：利用白色水溶性色彩或油彩施於眼頭、眼尾，強調無限延伸的眼部效果；鬍鬚以略帶向下弧度的放射線條表現；斑紋表現由髮際線或臉的邊緣，勾勒出貓的斑紋線條，勾勒時可微微搖動筆桿，其斑紋將更生動。

Chapter *6*

創作與設計應用

彩妝的世界有無限的想像，
你可以說它是未來世界的摩天輪，也可以是小女孩手上夢幻的串珠，
彩妝創作者卻視為一種視覺藝術，
藉由線條與圓點的漸變煽動視覺，透過視神經傳達無限想像。
「摩天百樂園」套用點線面的概念，
透過點與線的串連，以眼睛為圓心，
利用放射線的放大特色強化眼睛效果看似串珠又像是奇幻的摩天輪，
充滿童趣。

彩妝重點

· 底妝：亮澤底妝施於 T 字帶、顴骨處。

· 眼妝：以眼睛為中心在煙燻眼妝的基底下接出放射狀的線條選擇大小不等的角珠由大至小排列於線條之上形成漸變的美感。

彩妝流程與重點

STEP 1 **眼妝**：黑色眼影於眼窩內側勻染出小煙薰妝。

STEP 2 **眼線**：寬且拉長的上、下眼線連結以強調眼神。

STEP 3 **上眼影**：將襯色粉紅、土耳其藍刷於眼周。

STEP 4 **下眼影**：將襯色粉紅、土耳其藍延著黑色下眼影刷出漸層感。

STEP 5 **構圖**：以眼睛為中心點，利用下眼影勾勒出放射妝的線條。

STEP 6 **點綴**：鑷子夾取鑽飾沾取適量睫毛膠貼於線條上，妮貼時留意點間疏密的距離。

97

點 的 創 作

日本國寶級大師草間彌生 (Yayoi Kusama)

自小受神經病變所苦,所看的世界充滿了圓點的幻覺

,然經神障礙並未掩蓋其藝術創作天分,反而成為她

的創作特色,圓點南瓜、鏡反射室、圓點裝置藝術充滿了大師的創作巧思。

點是構成面的基礎,點可以放射排列亦可交錯配置,若以美的形式原理與設計對應,

在畫面中單一點的設計有「強調」的美感;整齊的點狀排列設計有「統一」的美感;

疏密有序的設計有「反覆」的美感;由小排列至大的點有「漸變」的美感,由此觀之,

點元素經過巧思與設計便如同音符般能譜出千變萬化的美麗樂章。

Op
Eyes

點 的 創作

繼普普藝術 (Popular Art) 後，1960 年代的法國發展
出另一種視覺性的藝術－「歐普藝術」(Optical Art)，
是一種透過圖案排列與色彩明暗的配置，使觀者視覺受圖案的刺激後造
成視覺顫動即所謂錯視的現象。這種有趣的視覺藝術風格常被套用於流
行設計中，已故的時尚鬼才亞歷山大麥昆 (ALEXANDER McQUEEN) 在他
2010 年秋冬系列以海洋生物、昆蟲為題的遺作中可窺探得此風格。

彩妝重點

「點」是個相當容易描繪的符號，其造型
簡單俐落，加一點或多一撇，不再是個點，
無法呈現點的設計之美，所以將點做為設
計元素時，「漸變」或「群化」的排列方
式最易呈現美感。

彩妝流程與重點

STEP 1 眼妝：眼妝設計以黃桔色系為基底的三段式眼影法，先將黃色刷於眼部中段。

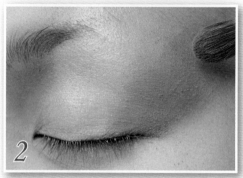

STEP 2 眼影：鮮桔色眼影刷於眼頭、眼尾。

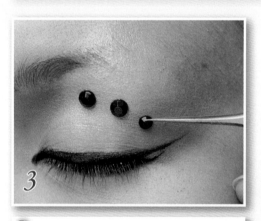

STEP 3 腮紅：將有切割的圓鑽以放射狀黏貼於眼皮。

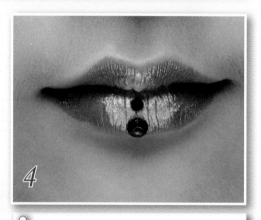

STEP 4 唇：鮮桔色唇彩為底，金黃色亮粉鋪於唇中並黏貼圓鑽。

107

線 的 創 作

點可以是符號、是開端、是圓心，
當兩點連結構成無限延伸的線條時，
彩妝的構成便有巧妙的想像空間。
此類的彩妝是用於商業演出，
舉凡特殊的舞臺角色、新品發表秀或是電影角色。
冷冽的藍、華麗神秘的紫，
藉由色彩意象牽引出無限遐想的線向。

彩妝重點

1. 漸變的線條型態修飾出眉、鼻間的立體感。
2. 歐式眼影法勾勒深邃迷濛的眼神。
3. 延伸眼線的眼線與眉尾線條交會，強化眼部印象。

彩妝流程與重點

○ *STEP 1* **眼影**：歐式延伸眼影法描繪眼型。

○ *STEP 2* **眼妝**：將藍色眼影的眼尾向眼頭延伸。

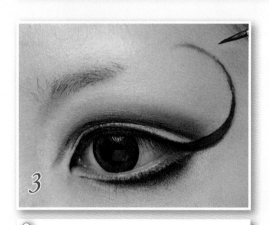

○ *STEP 3* **眼線**：上眼線自眼頭拉長至眼尾，並由眼影結束點延伸至眉毛處。

○ *STEP 4* ：眉頭延伸至鼻影，眉尾與眼線交會。

「纖細輕盈」向來是東方社會讚賞女性儀態最佳的詮釋方式，
中國東晉時期的畫家顧愷之擅於描寫修長飄逸的美女，
在他精心的筆墨下，
人物的線條描寫精細宛如春蠶吐絲，
女性各個衣帶飄搖，
如洛水一方搖曳生姿的女神，
回眸瞬間卻令人魂縈夢牽。

彩妝重點
靈感來自於東晉顧愷之筆下描繪的女性，
修長飄逸想必東晉時期女性的美感形象，
在顧愷之眼中修長的身形或許還不足以表
現女性纖細的特質，因而添加了飄搖的衣
帶，更能表現出嬌弱甚至楚楚可憐的古典
美感。

115

彩妝流程與重點

STEP 1：黑色眼影勾勒假雙眼線。

STEP 2：綠色眼影延假雙勻染出漸層。

STEP 3：墨綠色眼影勻染於綠色眼影的 2/3 處。

STEP 4：將襯色勻染假雙內側、眼窩、眉骨處。

STEP 5：綠色眼影由眼尾延展開。

STEP 6：銜接步驟 5 勾勒出眉型。

STEP 7：墨綠色眼影勻染於綠色眼影的
2/3 處。

STEP 8：黑色眼影加強眼部印象。

STEP 9：依各色眼影順序勻染下眼影。

透過三稜鏡，光分色出紅、橙、黃、綠、藍、紫等繽紛的顏色，
肉眼看不到的色光卻有意想不到的驚喜，如此一來，
我們又如何確信凡事眼見為憑？
因此，在彩妝設計上對於繽紛的彩虹有了更多的遐想。

彩妝重點

· 底妝：粉感底妝。

· 修容：白色粉底加強顴骨處以襯托完美眼妝。

· 眼妝：運用歐式眼影法概念，主色土耳其藍色眼影勾勒出深邃雙眼摺襯色粉紅、黃色眼影分別眉毛、雙眼皮內側，紫色為突顯眼神的加強色。

· 腮紅：粉紅色刷於顴骨下方。

· 口紅：淡粉紅腮紅。

墨色

論繪畫，東方寫意，西方寫實。西方人常驚豔於東方的水墨，在單一墨色的渲染之下，山水層次分明，宛若虛實的人間仙境。

中國的繪畫自魏晉以來常有設色豔麗的壁畫或圖卷，唐代的山水畫因其絢麗的色彩而有「青綠山水」或「金碧山水」之美稱；相較於色彩鮮豔的山水畫，著名的詩人王維則認為淡雅的墨色更可表現出山水的詩境，於是中國的山水畫在文人們的發展下因而有「詩中有畫，畫中有詩」的絕美意境。

彩妝流程與重點

○ *STEP 1* **粉底**：粉感底妝

○ *STEP 2* **眼妝**：蓋眉，使用皮膚臘覆蓋眉毛，或將眉毛修細。眼影使用擷取墨色簡雅的用色概念，以漸層眼影法勻染。

○ *STEP 3* **眼線**：拉長延伸眼線。

○ *STEP 4* **裝飾曲線**：利用水溶性色彩拉出曲線，並以眼影增加曲線的厚度，注意曲線的。描繪如同寫毛筆般，起點與收尾需輕柔，線條表現輕快活潑。

○ *STEP 5* **腮紅**：強調顴骨下方用色。

○ *STEP 6* **口紅**：擷取中國古代的唇型概念。

雀悅

在佛教勸世說中敘述了有關孔雀王的故事，

孔雀王在擁有五百眷屬下卻未能知足，深深的為綠孔雀所迷戀著，

美色當前孔雀王百般的討好綠孔雀卻因此落入了獵人的陷阱，

而獵人為獵捕珍貴的孔雀，放棄了孔雀王承諾的金山財富，

進而追尋更高層次的富貴榮華。

佛家用美麗的孔雀隱喻人的欲念，因為貪慾而看不見已擁有的幸福甚至招致大禍。

孔雀美麗的身型與色澤渾然天成，華麗的顏色是彩妝色彩設計最佳參考對象，

孔雀的羽毛形似眼睛的形狀，藍、綠、黃的色階變化塑造出如孔雀羽毛的華麗感。

彩妝流程與重點

STEP 1：眼睛平視正前方勾勒歐式眼影法之假雙眼線。

STEP 2：藍色眼影延假雙眼線朝眼窩方向勻染。

STEP 3：綠色眼影重疊於藍色眼影並朝眼窩勻染。

STEP 4：白色眼影刷於假雙眼線內側。

STEP 5：黑色眼影加強於假雙眼線處。

STEP 6：拉長眼線。

若以科學的角度詮釋極光，是電子與磁場的因素造就了南、北極繽紛
的奇景；以色彩美感角度詮釋極光，是三原色混色的產物與大自然精
心排列的結果；就美感情趣的觀點而言，極光繽紛、巧妙的機率性排
列，刺激了視覺更牽動了興奮的浪漫情緒，令人目眩神迷。

彩妝重點

· 底妝：粉感粉底的基礎下，以白色的粉膏或修容餅提亮T字、顴骨部位。

· 眼妝：歐式延伸眼影法延伸眼尾，使眼睛有放大拉長的效果。

· 腮紅：橘紅色腮紅修飾於顴骨下方襯托明亮豐潤的蘋果肌。

· 口紅：鮮橘色口紅綴以金色眼影粉，呈現閃爍的美感。

137

彩妝流程與重點

STEP 1：眼睛平視正前方描繪歐式眼展示眼影法之假雙眼線。

STEP 2：藍色眼影延假雙眼線朝眼窩處勻染並延展至眼尾。

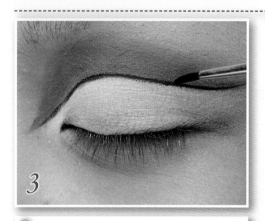

STEP 3：黑眼線強調假雙

STEP 4：黑色眼影延假雙眼線勻染於藍色眼影 1/2 處。

STEP 5：描繪眼線。

STEP 6：紫、粉紅色眼影延線條勻染出漸層。

Chapter *7*

文化風格與應用

MAKEUP DESIGN

唐美人

《後漢書》記載：桓帝元嘉中，京都婦女作愁眉、啼妝、墮馬髻、折要步、齲齒笑。所謂愁眉者，細而曲折。啼妝者，薄拭目下，若啼處。墮馬髻者，作一邊。折要步者，足不在體下。齲齒笑者，若齒痛，樂不欣欣。始自大將軍梁冀家所為，京都歙然，諸夏皆仿效。在科技高度發展，多元文化融合的現今，身為時代女性的你是否願意接受遠古時期對女性的規範，畫八字眉、若啼哭過的眼妝，走路時小碎步前進，歡笑時若牙痛不能盡情開懷？然隨著時代的變遷與美感考量，彩妝的設計創作不以復刻為主軸，而是朝著考究與美感修飾方向前進。

彩妝流程與重點

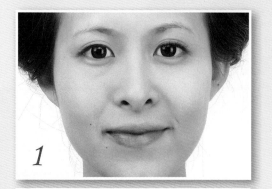

STEP 1 底妝：粉感底妝。

STEP 2 眼線：拉長眼線。

STEP 3 上眼影：黑色眼影勻染於眼線之上。

STEP 4 下眼影：下眼影描繪於眼線外。

STEP 5 上眼線：紅色眼線描繪於黑色眼線之上。

STEP 6 下眼線：重疊於黑色眼影之上並向外勻染。

STEP 7 點綴：描繪斜紅。

STEP 8 點綴：紅色水性顏料描繪出花鈿樣式。

STEP 9 點綴：黑色水性顏料加強花鈿的立體感。

STEP 10 眉：描繪眉型。

STEP 11 腮紅：刷於顴骨尖端，賦予粉嫩好氣色。

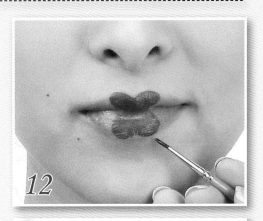

STEP 12 口紅：描繪出帶有清代優雅風格的唇。

147

古人是如此形容美人：增之一分則太長，減之一分則太短，著粉太白，施朱太赤，眉如翠羽，肌如白雪，腰如束素，齒如含貝，嫣然一笑，惑陽城……。意指天生麗質、穠纖合度，畫了妝擔心過於濃豔，白皙的肌膚與貝齒，淺笑之間迷倒眾生。對於女性而言，天生麗質尚嫌不足，美麗要加倍，因此，美人晨妝詩裡形容的這般景像：北窗朝向鏡，錦障復斜縈，嬌羞不肯出，猶言粧未成，散黛隨眉廣，煙支逐臉生，試將持出眾，定得向憐名。美人晨起，細細妝扮遲遲不露面，為的是踏出香閨實時現最好的形象。

彩妝流程與重點

STEP 1 底妝：粉感底妝。

STEP 2 眼影：紅色眼影自眼頭畫向眼尾。

STEP 3 眼線：拉長眼線。

STEP 4 眉毛：利用眼線筆描繪細而彎曲的眉毛。

STEP 5 口紅：描繪出帶有清代優雅風格的唇。

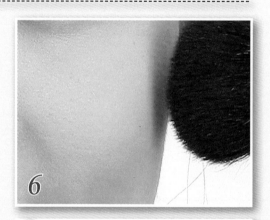

STEP 6 腮紅：腮紅刷於顴骨尖端，賦予粉嫩好氣色。

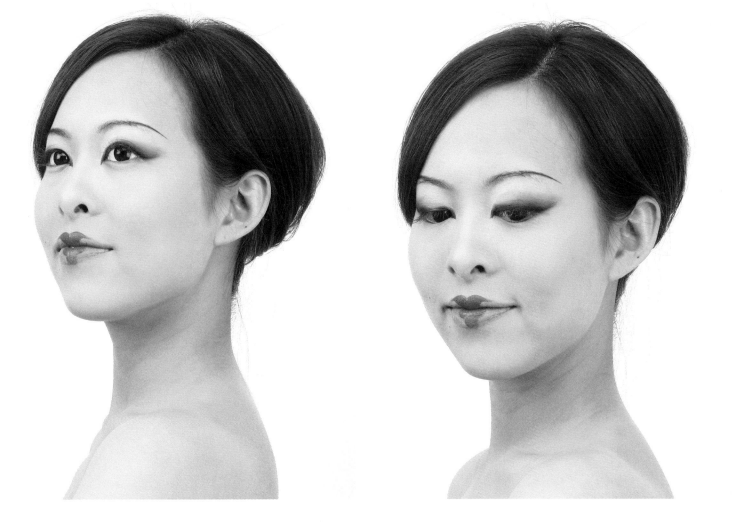

151

梵谷受巴洛克時期畫家魯本斯以及日本木刻版畫影響，喜以鮮豔色彩與線條來表現畫作，星夜 (The Starry Night,1889) 強烈的色彩、漩渦式筆觸，表現出梵谷的內心世界。彩妝設計靈感來自於梵谷畫作星夜，夏日萬里無雲的夜空，沉靜的深夜裡月亮更顯分明。

彩妝重點

· 底妝：粉感粉底。

· 眼影：1. 灰藍的眼影如同寂靜的暗夜襯托著
明亮的月光。

2. 歐式延伸眼影法描繪概念。

· 唇：藍色唇框、金黃唇色與眼妝相對應。

153

彩妝流程與重點

STEP 1 眉毛：使用蓋眉臘覆蓋眉毛。

STEP 2 眉毛：使用蜜粉定妝，避免蓋眉臘游離。

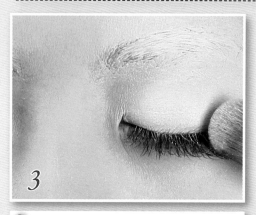

STEP 3 眼、眉：白色蜜粉修飾眼、眉。

STEP 4 眼影：藍色勾勒眼影輪廓。

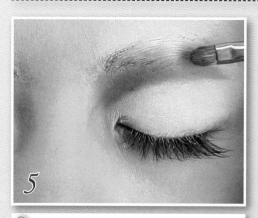

STEP 5 眼影：沿著輪廓線將眼影勻染開。

STEP 6 眼影：黑色眼影加強眼窩的立體感。

STEP 7 眼影：將黃色眼影勻染於眉毛上方。

STEP 8 眼影：黃色眼影勻染於眼尾。

STEP 9 眼影：橘色眼影重疊於黃色之上。

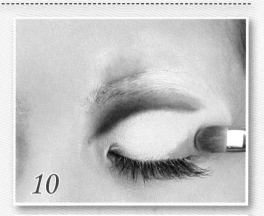

STEP 10 眼影：橘色眼影重疊於眼尾黃色之上。

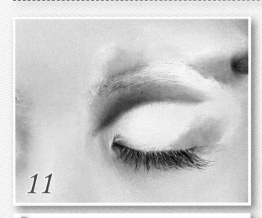

STEP 11 眼影：將藍色眼影勻染接近於太陽穴處。

STEP 12 眼影：使用藍色眼影描繪下眼影。

彩妝流程與重點

STEP 13 眼線：勾勒下眼線以塑造眼部立體感。

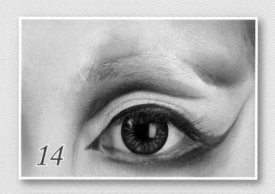

STEP 14 嘴唇：使用粉底將嘴唇打白。

STEP 15 嘴唇：勾勒出藍色唇線。

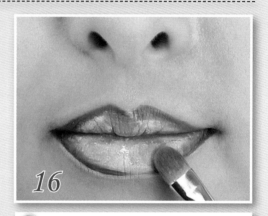

STEP 16 嘴唇：黃色橘色唇膏塑造出唇部的漸層感。

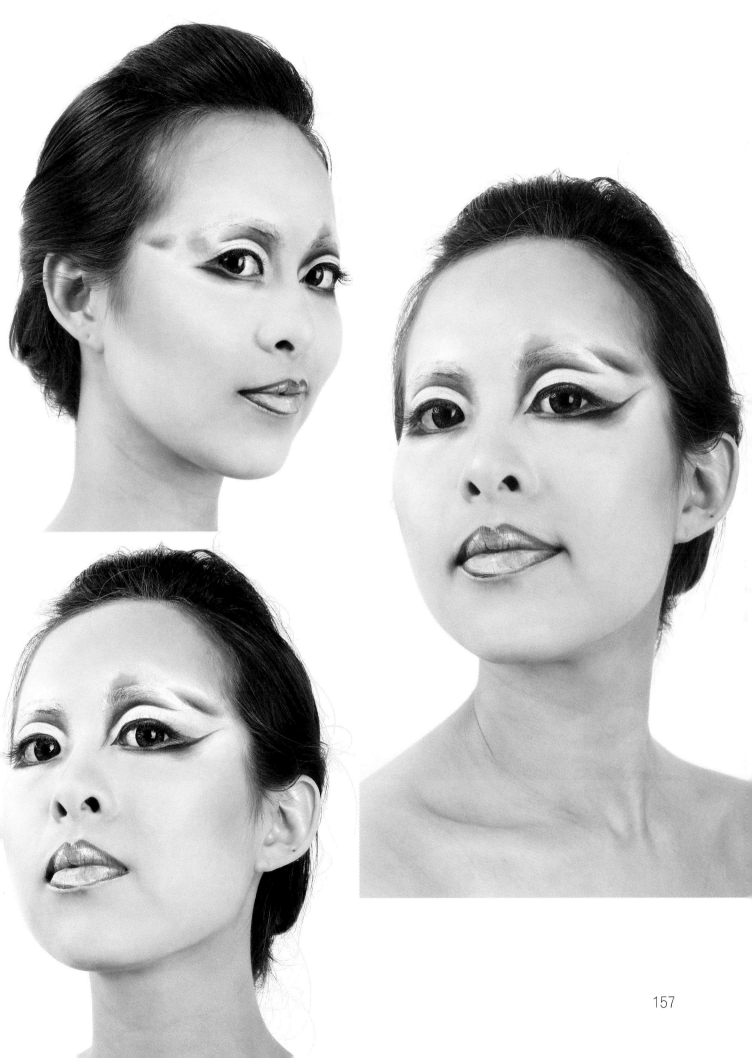

Passion

把握剎那便是永恆，這句話對應於印象派十分貼切，印象派大師們捕捉光線照在物體那瞬間的色彩，這些顏色變化的因素除光線外亦可能受大自然中的水氣、粉塵影響，透過眼睛的觀察與轉化展現繪畫的熱情。Passion 眼妝設計採用印象派概念，使用純粹色不混色，恣意揮灑展現對彩妝的熱情，濃烈鮮豔的眼妝，對應粉嫩的唇色，吸睛不俗麗。

彩妝重點

臉是一塊立體畫布要在美的前題下，恣意揮灑需細思量，如何配色方能繽紛不落俗套，彩妝前色彩計劃是關鍵，鄰近色是本妝的配色概念，相鄰的色彩彼此間擁有共同的色彩基因，經計劃排列後，呈現調合之美。

彩妝流程與重點

STEP 1 眼影：黃色眼影勻染於眼頭與眉窩。

STEP 2 眼影：綠色眼影重疊於黃色眼影之上。

STEP 3 眼影：藍色眼影勻染於眼睛中段。

STEP 4 眼影：紫色眼影染於眼睛後段。

STEP 5 眼影：紫色眼影染於下眼影中段。

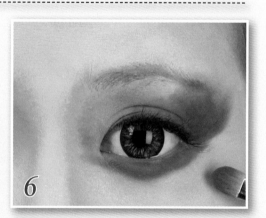

STEP 6 眼影：藍色眼影染餘下眼頭與眼尾。

STEP 7 眼影：橘色眼影染於黃色眼之上。

STEP 8 下眼線：描繪黑色眼線。

STEP 9 眼影：黑色眼影自眼線處向外勻染，增加眼部立體感。

STEP 10 口紅：選擇粉紅色系帶光澤的口紅。

有些時候設計靈感僅憑藉著一個動機或印象，在夢境中看似一片羽毛飄落，瞬間，熱帶魚於眼前優游，夢醒過後，這朦朧又鮮明的印象轉化於眉眼間，隨著唇彩冷暖調的變換，時而個性視覺，時而美豔動人。當創作跳脫學理與藝術風格應用，作品多了一份隨性與驚豔。

彩妝重點

大自然繽紛的色彩提供配色時無限的靈感，
本妝以冷色調為配色原則在粉感底妝的基礎
下，分別以粉唇展現嬌柔之美；藍綠調唇彩
展現冷豔之美。

165

彩妝流程與重點

STEP 1 眉毛：使用蓋眉臘覆蓋眉毛。

STEP 2 眉毛：使用蜜粉定妝，避免蓋眉臘游離。

STEP 3 眼影：白色蜜粉修飾眼、眉。

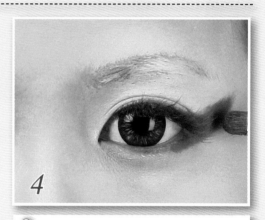

STEP 4 眼影：紫色眼影順著下眼線向外延伸，設定眼影範圍。

STEP 5 眼影：藍色眼影勻染於眼部中段。

STEP 6 眼影：綠色眼影勻染於眼部前段。

STEP 7 眼影：黃色眼影由眉窩向外勻染。

STEP 8 眼影：藍色眼影勻染於下眼瞼中段。

STEP 9 眼影：綠色眼影刷於眼頭下方。

STEP 10：綠色線條自眼頭描繪放射狀線條。

STEP 11：藍色線條銜接於綠色線條之後。

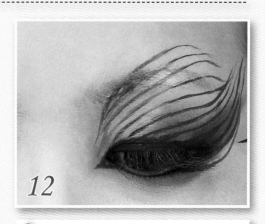

STEP 12：紫色線條銜接藍色線條之後。

168

狂想

受到佛洛依德精神分析論的影響，超現實主義者探索潛意識，認為夢境中不受邏輯性與陳規的限制，夢境裡的世界比現實生活更真實；超現實主義者認真的看待瘋狂這件事，認為精神病雖喪失理智，卻能沉浸於潛意識中無所顧忌的施展天性。藉由作品傳達潛意識是超現實主義者的表現方式。超現實主義並非理性的教條，而是一種觀點，廣泛的被運用在繪畫、文學、建築等範疇，當然，將超現實主義融入彩妝設計是不可缺的一環，特別是運用於戲劇角色的營造，可直接或間接得傳遞角色訊息。

彩妝重點

嘴巴是傳達意念的管道,從嘴巴說出的都
是心理的話?明明心裡想的跟說出來的不
一樣卻依然脫口而出,說出口後或許竊喜
或許悔恨,卻已覆水難收 ...。來自潛意識
的設計概念,一張嘴代表三個面向,本我、
自我、超我。真誠或虛假,好言或惡語,
端看個人歷練與修為,慎言。

171

彩妝流程與重點

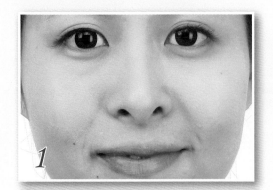

STEP 1 底妝：粉感底妝。

STEP 2 眼影：黃色眼影勻染於眼部前段。

STEP 3 眼影：桔色眼影勻染於眼部中段。

STEP 4 眼影：紅色眼影勻染於眼部後段。

STEP 5 上眼線：描繪黑色上眼線。

STEP 6 下眼線：描繪黑色下眼線。

○ *STEP 7*：描繪上揚眉毛。

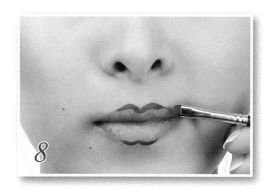

○ *STEP 8* 口紅：描繪唇的外框。

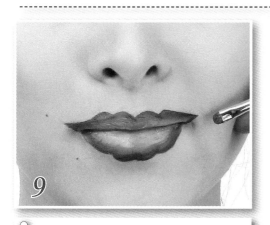

○ *STEP 9* 口紅：填滿橘色口紅後，沾取亮粉填補於嘴唇中間。

174

藍色時期的畢卡索,正面臨人生的低潮,多以憂鬱的藍色調做畫;隨著愛神的降臨,戀愛中的畢卡索畫裡充滿了甜蜜瑰麗的色彩,玫瑰色時期由此展開。畢卡索受塞尚與非洲雕像的啟發,轉身成為立體派的創作者,藝術之王畢卡索一生的畫風變化多端,成就無人能及。

作品靈感來自畢卡索「鏡前的女人」,攬鏡自照喜怒無所遁形,鏡子前是真實的自我亦或是面對現實生活的強顏歡笑,只有攬鏡者自知。

彩妝重點

一般化妝講求一致性的美感,所謂的一致
指的是對襯的眼妝、眉毛、唇、修容,有
自然安定的美感。特效化妝或藝術化妝講
求戲劇性的效果,例如,不對襯或布陳下
產生具戲劇張力之美。

彩妝利用不對襯的構圖柔神祕的紫藍色彩
交織出不安定之美感。

彩妝流程與重點

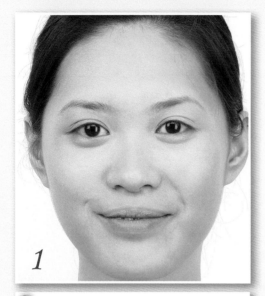

STEP 1 **粉底**：偏白的粉感底妝。

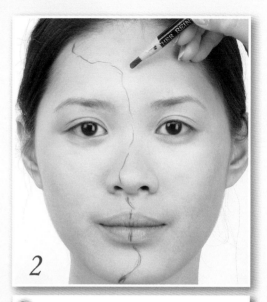

STEP 2：臉部等比例斜分為二。

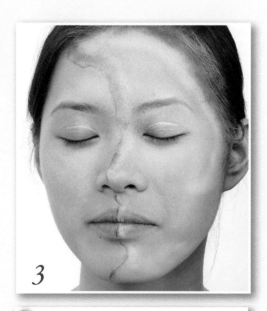

STEP 3：利用噴槍設定臉部輪廓線。

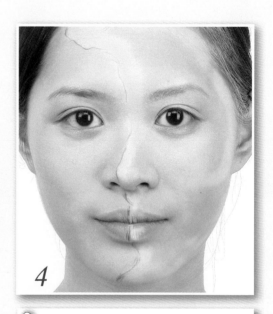

STEP 4：將深藍色顏料層疊於藍色之上。

STEP 5：將黑色顏料層疊於深藍色之上。

STEP 6：紫色水性顏料設定臉部輪廓。

STEP 7：利用噴槍噴出眼影。

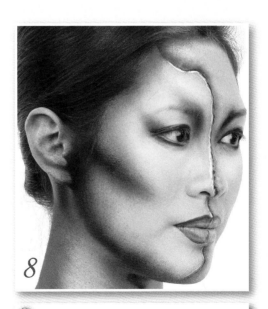

STEP 8：將黑色顏料層疊於紫色上方。

此設計脫胎自 1945 年達利為好萊塢緊張大師希區考克 (Alfred Hitchcock) 電影－「意亂情迷 (Spellbound)」所繪製的場景，這是一幅相當巨大的油畫，駐足畫前感受來自於不同角度的眼光，隨著觀賞者不同的心境，對於這種凝視有著不同的感受。

「凝視」創作靈感來自達利「意亂情迷」，跳脫彩妝設計以眼妝為重點的概念，利用特效技巧將彩妝視覺挪移至眼睛下方 ，專注的凝視著，可能是潛意識的訊息傳遞，也或者是深深的記憶。

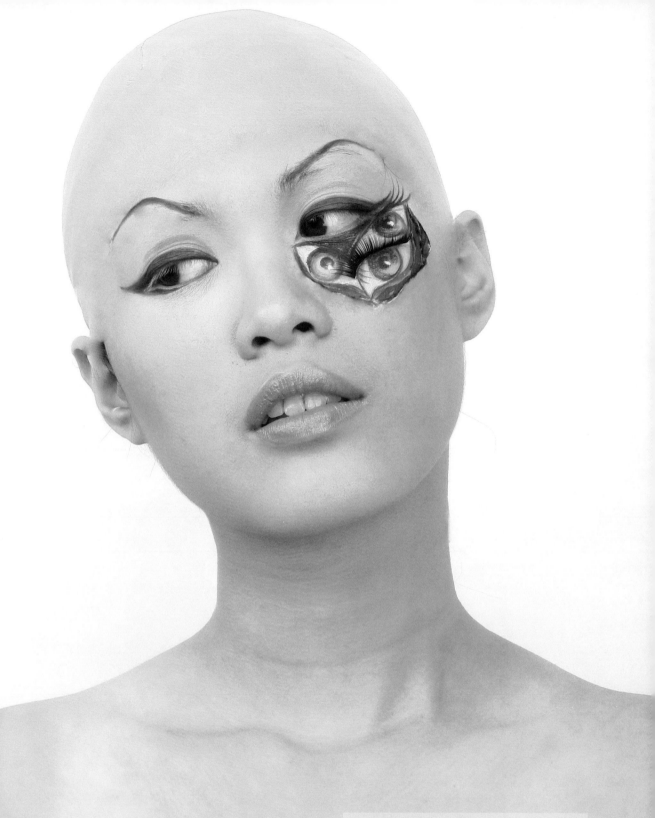

彩妝重點

液態乳膠 (LATEX) 廣泛用於特效化妝,舉凡頭皮、面具與撕裂傷,可塑性強的乳膠塑造逼真,如人類皮膚的質感。

本妝利用 LATEX 製造頭皮帽,穿戴出如光頭的效果,再將 LATEX 貼附於下眼瞼,繪出幾可亂真的眼睛,深深的凝視著看似驚悚卻有幾分趣味。

182

西洋棋盤是以八乘八共六十四格黑白對半的方格所組成的棋藝戰場，
這黑白相兼美麗的戰場有美的形式原理中反覆、統一的美感，
方格精心的堆疊與排列，
端詳之後亦有歐普視覺藝術的風格概念看似繁複卻又清新。

彩妝重點

為了聚焦於眼部彩妝,於是以光頭造型
取代的髮型,讓觀眾對眼妝行注目禮,
列陣的方格,有反覆統一之美感。

185

參考文獻

・Hendrik Willem Van Loon（1999）。人類的藝術上冊（李龍機譯）。台北：知書房。

・Hendrik Willem Van Loon（1999）。人類的藝術下冊（李龍機譯）。台北：知書房。

・William Haardy(2005)。新藝術鑑賞入門。台北：果實 / 城邦文化。

・安伯托・艾可（Umberto Eco）（2006）。美的歷史（History of Beauty）（彭淮棟）。台北：商鼎。

・安伯托・艾可（Umberto Eco）（2006）。醜的歷史（History of Ugliness）（彭淮棟）。台北：商鼎。

・辛達謨溫澤爾（Vo der Antike bis zur Gegenwart）（1996）。歐洲文化史上冊（國立編譯館）。台北：國立編譯館。

・辛達謨溫澤爾（Vo der Antike bis zur Gegenwart）（1996）。歐洲文化史下冊（國立編譯館）。台北：國立編譯館。

・南靜子（1990）。巴黎近代服裝史。台北：藝風堂。

・吳圳義（2006）。近代法國思想化 - 從文藝復興到啟蒙運動。台北：三民書局。

・高階秀爾（2008）。寫給年輕人的西洋美術史 2。台北：原點。

・施素筠（1984）。服飾辭典。台北：後樂文化。

・張澤乾（1999）。法國文明史。台北：中央圖書出版社。

・葉立誠（2006）。中西服裝史。台北：商鼎。

・嘉門安雄（1999）。西洋美術史。台北：大陸。

・蔣勳（2003）。寫給大家的西洋美術史。台北：東華書局。

・尤淑芬、王麗心（1990）。未來主義 ・ 超現實主義 ・ 魔幻現實主義。台北：淑馨出版社。

・曾長生 (2000)。世界美術全集超現實主義藝術。藝術家出版社。

修臉
大作戰

可以幫我修飾我的 圓型臉 嗎？不想要臉看起來那麼圓（哭哭）

可以幫我修飾我的 **菱型臉** 嗎？不想要臉看起來那麼尖（哭哭）

可以幫我修飾我的 **方型臉** 嗎？不想要臉看起來那麼方（哭哭）

修臉大作戰

可以幫我修飾我的**長型臉**嗎？不想要臉看起來那麼長（哭哭）

修臉
大作戰

可以幫我修飾我的 三角型臉 嗎？不想要臉看起來那麼寬（哭哭）

可以幫我修飾我的**倒三角型臉**嗎？不想要臉看起來那麼尖（哭哭）

試試看 **標準眉** 怎麼畫

試試看 圓型眉 怎麼畫

試試看 **弓形眉** 怎麼畫

試試看 一字眉 怎麼畫

 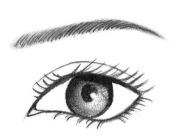

漸層眼影法練習

歐式眼影法練習

歐式延伸眼影法練習

段式眼影法練習

紙圖
練習

鵝蛋臉

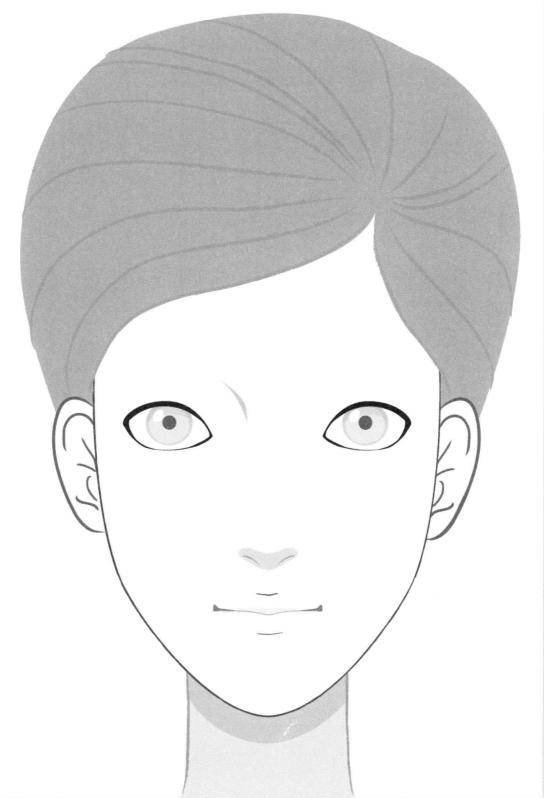

紙圖
練習

圓型臉

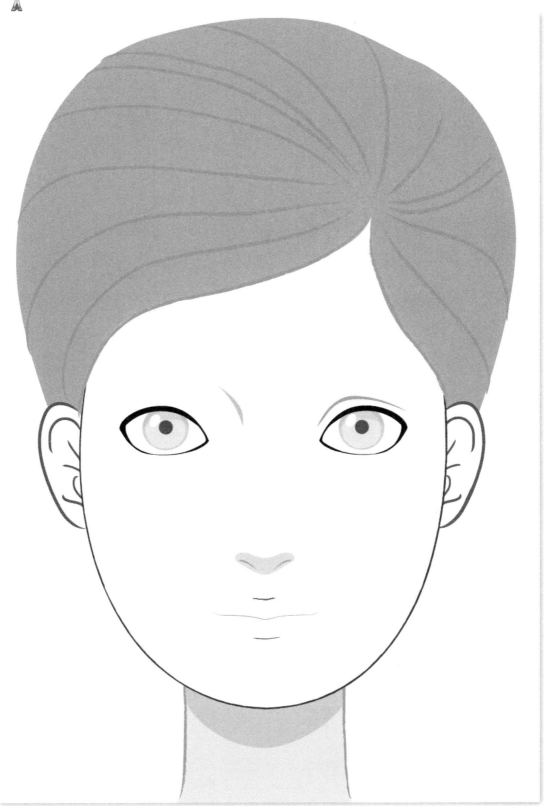

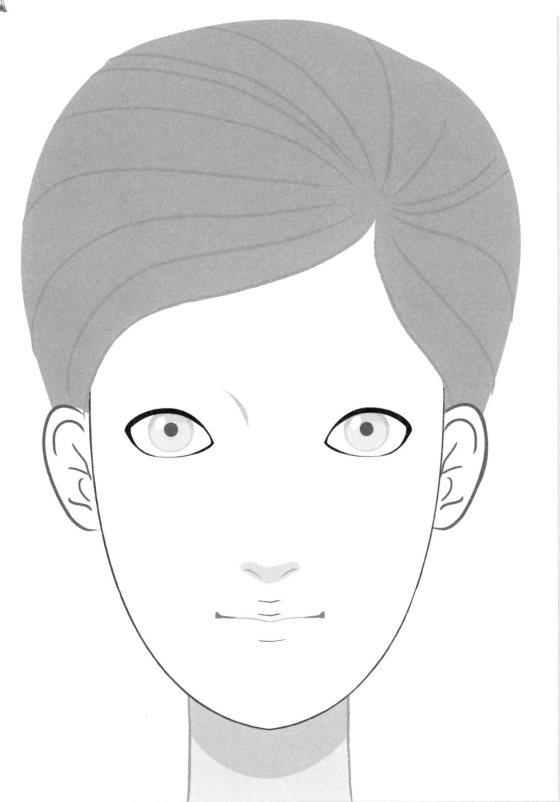

菱型臉

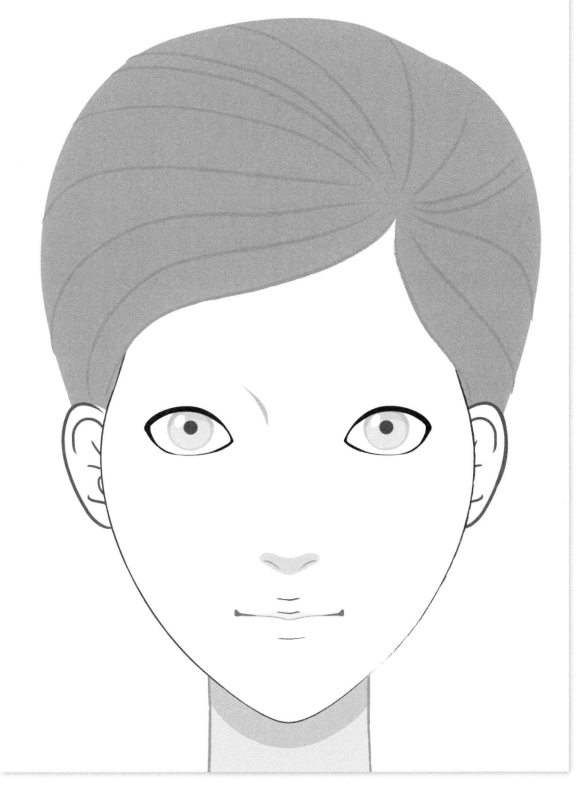

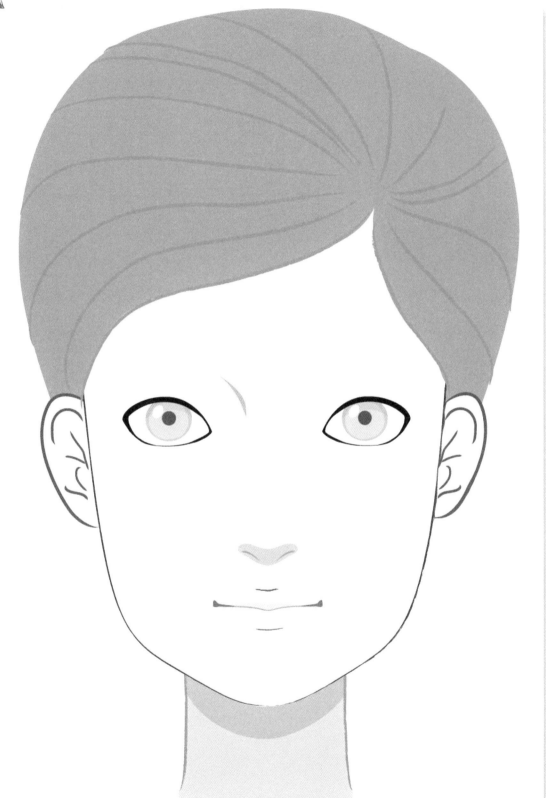

三角型臉

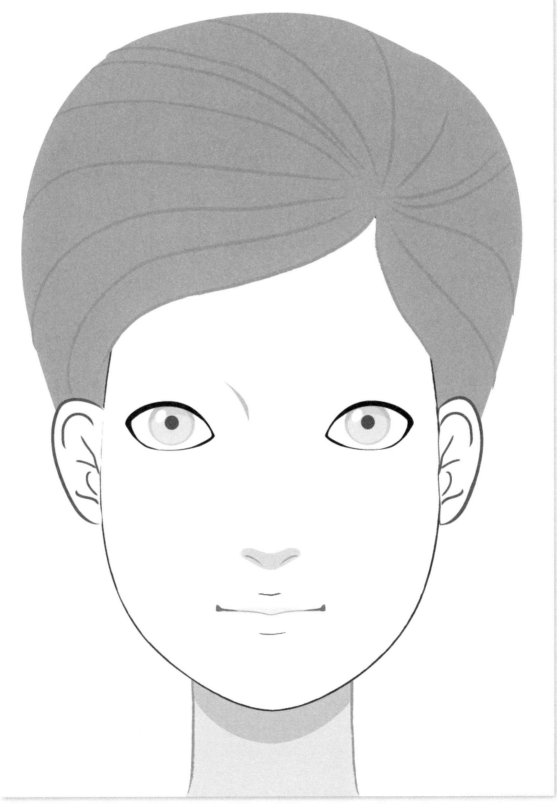

倒三角型臉

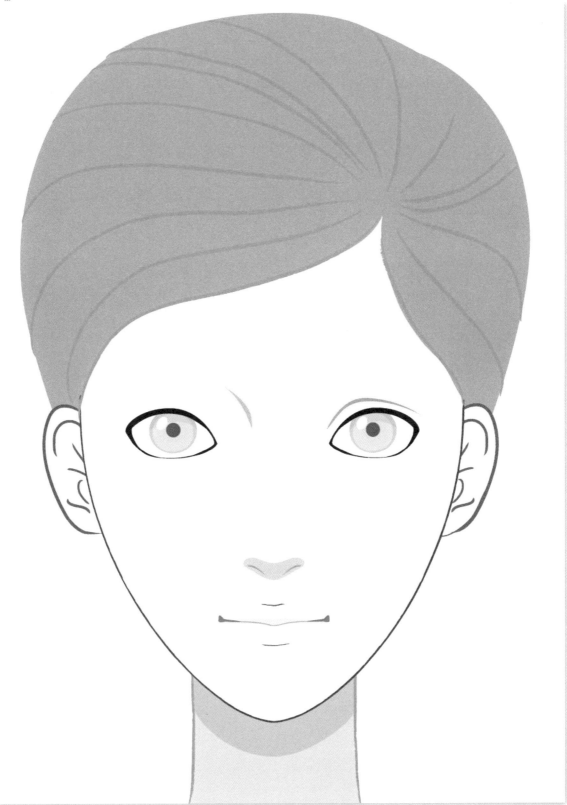

國家圖書館出版品預行編目 (CIP) 資料

創意彩妝造型設計 / 王惠欣編著 . -- 初版 .

-- 新北市 : 全華圖書 , 2014.12　面;　公分

ISBN 978-957-21-9723-3(平裝)

1. 化粧術

425.4　　　　　　　　103025450

創意彩妝造型設計

作　　者　王惠欣
執行編輯　蔡佳玲
發 行 人　陳本源
出 版 者　全華圖書股份有限公司
地　　址　23671 新北市土城區忠義路 21 號
電　　話　(02)2262-5666（總機）
傳　　真　(02)2262-8333
郵政帳號　0100836-1 號
印 刷 者　宏懋打字印刷股份有限公司
圖書編號　08155
初版三刷　2020 年 4 月
定　　價　690 元
I S B N　978-957-21-9723-3（平裝）
全華圖書　www.chwa.com.tw
若您對書籍內容、排版印刷有任何問題，歡迎來信指導 book@chwa.com.tw

臺北總公司(北區營業處)
地址：23671新北市土城區忠義路21號
電話：(02)2262-5666
傳真：(02)6637-3695、6637-3696

中區營業處
地址：40256臺中市南區樹義一巷26號
電話：(04)2261-8485
傳真：(04)6300-9806

南區營業處
地址：80769高雄市三民區應安街12號
電話：(07)381-1377
傳真：(07)862-5562

23671 新北市土城區忠義路 21 號

全華圖書股份有限公司

行銷企劃部　收

✂（請由此線剪下）

歡迎加入 全華會員

● **會員獨享**

會員享購書折扣、紅利積點、生日禮金、不定期優惠活動…等。

● **如何加入會員**

填妥讀者回函卡直接傳真 (02) 2262-0900 或寄回，將由專人協助登入會員資料，待收到
E-MAIL 通知後即可成為會員。

如何購書　全華網路書店　全華書籍

1. 網路購書

全華網路書店「http://www.opentech.com.tw」，加入會員購書更便利，並享有紅利積點
回饋等各式優惠。

2. 全華門市、全省書局

歡迎至全華門市（新北市土城區忠義路 21 號）或全省各大書局、連鎖書店選購。

3. 來電訂購

(1) 訂購專線：(02) 2262-5666 轉 321-324
(2) 傳真專線：(02) 6637-3696
(3) 郵局劃撥（帳號：0100836-1　戶名：全華圖書股份有限公司）
※ 購書未滿一千元者，酌收運費 70 元。

OpenTech.com.tw 全華網路書店

全華網路書店 www.opentech.com.tw
E-mail: service@chwa.com.tw

※ 本會員制如有變更則以最新修訂制度為準，造成不便請見諒。